T0208863

essentials

essentials liefern aktuelles Wissen in konzentrierter Form. Die Essenz dessen, worauf es als „State-of-the-Art" in der gegenwärtigen Fachdiskussion oder in der Praxis ankommt. *essentials* informieren schnell, unkompliziert und verständlich

- als Einführung in ein aktuelles Thema aus Ihrem Fachgebiet
- als Einstieg in ein für Sie noch unbekanntes Themenfeld
- als Einblick, um zum Thema mitreden zu können

Die Bücher in elektronischer und gedruckter Form bringen das Fachwissen von Springerautoren kompakt zur Darstellung. Sie sind besonders für die Nutzung als eBook auf Tablet-PCs, eBook-Readern und Smartphones geeignet. *essentials* sind Wissensbausteine aus den Wirtschafts-, Sozial- und Geisteswissenschaften, aus Technik und Naturwissenschaften sowie aus Medizin, Psychologie und Gesundheitsberufen. Von renommierten Autor*innen aller Springer-Verlagsmarken.

Weitere Bände in der Reihe https://link.springer.com/bookseries/13088

Ernst-Erich Doberkat

Erzeugende Funktionen
verständlich erklärt

 Springer Spektrum

Ernst-Erich Doberkat
Schweinfurt, Deutschland

ISSN 2197-6708   ISSN 2197-6716   (electronic)
essentials
ISBN 978-3-662-65162-9   ISBN 978-3-662-65163-6   (eBook)
https://doi.org/10.1007/978-3-662-65163-6

Die Deutsche Nationalbibliothek verzeichnet diese Publikation in der Deutschen Nationalbibliografie; detaillierte bibliografische Daten sind im Internet über http://dnb.d-nb.de abrufbar.

Planung/Lektorat: Iris Ruhmann
Springer Spektrum ist ein Imprint der eingetragenen Gesellschaft Springer-Verlag GmbH, DE und ist ein Teil von Springer Nature.
Die Anschrift der Gesellschaft ist: Heidelberger Platz 3, 14197 Berlin, Germany

Was Sie in diesem *essential* finden können

- Eine Einführung in die Methode, aus Zahlenfolgen Funktionen zu erzeugen und zu untersuchen.
- Einen Werkzeugkasten mit Methoden zur Manipulation dieser Funktionen.
- Beispiele zur Anwendung dieser Methoden für bekannte Zahlenfolgen.
- Methodische Hinweise darauf, wie man diese Funktionen zur Enumeration von Objekten verwenden kann.
- Aussagekräftige Methoden zur Umwandlung von Funktionen in Zahlenfolgen mit der Anwendung auf Zählprobleme.

Und setzet ihr nicht das Leben ein, | Den Opfern.
Nie wird euch das Leben gewonnen sein.

Einleitung

Etwa um die Zeit meiner Promotion – also kurz nach dem Ende der Grauen Vorzeit – fiel mir in einer Paderborner Buchhandlung der erste Band [10] des fundamentalen Werks „The Art of Computer Programming" von Donald E. Knuth in die Hände. Ich tauchte hingerissen in die Wunderwelt der erzeugenden Funktionen ein und staunte über den Zusammenhang mit der Analyse von Algorithmen. Später konnte ich erzeugende Funktionen gut als Werkzeug bei meinen eigenen Arbeiten zur Analyse von Sortieralgorithmen gebrauchen und hoffe, dass ich den einen oder anderen Studenten für dieses Thema interessieren konnte.

Für wen?
Das Buch gibt einen kurzen Einblick in das Thema *Erzeugende Funktionen,* wir beschreiben diese Funktionen und geben einen Einblick in die Techniken zu ihrer Manipulation. Es zielt auf einen mathematisch vorgebildeten Leser, wenn auch keine speziellen Kenntnisse auf dem Gebiet der Kombinatorik erwartet werden. Als Leser habe ich etwa Lehrer im Blick, die sich zum Thema informieren möchten und auch Anregungen für den eigenen Unterricht suchen [14]. Die Behandlung von Themen und Techniken im Unterricht würde dann vielleicht ein fernes Echo der Beschäftigung mit diesem Thema darstellen. Studenten eines Fachs der Fächergruppe Informatik, die sich im Rahmen einer Veranstaltung zur Diskreten Mathematik mit kombinatorischen Fragestellungen gefassen, sind eine weitere Zielgruppe. Zudem sollte das Buch für Leser hilfreich sein, die sich schnell und sicher über erzeugende Funktionen informieren wollen, weil sie in ihrer Arbeit als mathematische Werkzeuge nützlich sind. Die Lektüre weitergehender Arbeiten zum Thema wird hierdurch vorbereitet.

Zum Inhalt

In Kap. 1 geht es zuerst darum, mit einer gefälschten Münze das Phänomen zu erkunden, wie in einem einzigen Objekt alle Wahrscheinlichkeiten für einen Münzwurf aufbewahrt und daraus Erwartungswert und Varianz abgeleitet werden kann. Wir wenden uns auch kurz an einem Beispiel der Möglichkeit zu, ein Polynom zu befragen, welche Informationen über seine Koeffizienten es für uns aufbewahrt. Das führt schließlich zur Definition des Objekts unserer Begierde und zum Studium einiger Beispiele. Der Kap. 2 sammelt einige Rechenregeln, die von ganz einfachen (Addition, skalare Multiplikation), mittelmäßig anspruchsvollen (Multiplikation) zu eher komplexen wie inversen Paaren reichen. Dem Thema *Wahrscheinlichkeiten* wird gesonderte Aufmerksamkeit zuteil.

Wir exerzieren diese Überlegungen durch beim Thema *Fibonacci-Zahlen* in Kap. 3, bei dem wir ausgehend von der Rekursionsgleichung die erzeugende Funktion ermitteln und analysieren. Es wird demonstriert, wie man diese Zahlen auch als Basis für ein Zahlensystem nehmen kann. Damit kann man auch ganz gut die Vorgehensweise der vollständigen Induktion an einem nicht ganz einfachen Beispiel verdeutlichen. Kap. 4 analysiert dann einen sehr einfachen Algorithmus, zeigt die Vielfalt der Catalan-Zahlen und befaßt sich mit der Partition natürlicher Zahlen in Form des Geldwechsler-Problems.

Zum Schluß befassen wir uns in Kap. 5 mit dem umgekehrten Weg, nämlich von der erzeugenden Funktion zur Folge. Das wird zunächst an klassischen Beispielen gezeigt, den Stirling-Zahlen beiderlei Art und den Bernoulli-Zahlen. Zum Studium der Bernoulli-Zahlen werden exponentiell erzeugende Funktionen mit ihrer überaus nützlichen Multiplikationsregel eingeführt. Dann wollen wir den Leser ermutigen, sich selbst auf die Reise zu begeben. Wir präsentieren eine unbekannte Funktion und versuchen, sie mit den hier studierten Techniken zu befragen. Das Resultat ist die Folge der – bislang zu Recht völlig unbekannten – *Schweinfurter Zahlen,* die kurz studiert werden. Wie gesagt, das ist eine Ermutigung für den Leser, auf eigene Faust, ohne Sauerstoffgerät oder Taucherbrille, im Land der erzeugenden Funktionen herumzureisen.

Python-Skripte

Wann immer es möglich und sinnvoll ist, habe ich Python-Skripte zur Berechnung der Zahlen, aber auch zur Unterstützung der Berechnungen selbst angegeben. Es ist in Python möglich, symbolische Berechnungen durchzuführen, wenn auch noch nicht ganz so umfangreich wie in Macsyma, der Mutter aller Systeme zur

Formelmanipulation, oder etwa in B. Fuchssteiners μPad. Von dieser auch sonst hilfreichen Möglichkeit mache ich Gebrauch und zeige sie dem Leser auf.

Schweinfurt, im Frühjahr 2022

Abbildungsnachweis

Die Graphiken aus Wilhelm Buschs „Max und Moritz" sind diesen Quellen entnommen: https://upload.wikimedia.org/wikipedia/commons/thumb/d/d2/Max_und_Moritz_%28Busch%29_011.png/1024px-Max_und_Moritz_%28Busch%29_011 bzw. https://de.m.wikipedia.org/wiki/Datei:Laempel_bw_transparent.png. Das Werk ist gemeinfrei. Das Bild der Statue von L. Fibonacci auf dem Campo Santo in Pisa zu Beginn des Kapitels 3 stammt von einer Photographie des Verfassers.

Inhaltsverzeichnis

Über den Autor

Dr. Ernst-Erich Doberkat
Walther-von-der-Vogelweide-Str. 46
97422 Schweinfurt
eed@doberkat.de

Der Verfasser studierte Mathematik und Philosophie in Bochum, promovierte in Mathematik und habilitierte in Informatik. Er war Professor in den USA, lehrte dreißig Jahre als Ordinarius für Praktische Informatik an deutschen Universitäten, und unterrichtete in Italien und China. Er lebt jetzt als Emeritus mit seiner Frau im unterfränkischen Schweinfurt.

Erzeugende Funktionen: Motivation, Definition und erste Beispiele 1

Erzeugende Funktionen kommen mit zweierlei Zielrichtungen daher. Aus einer Folge reeller oder komplexer Zahlen wird eine Funktion gewonnen, und aus deren Eigenschaften wollen wir Rückschlüsse auf die Folge ziehen. Das ist zum Beispiel hilfreich, wenn die Folge kombinatorisch interessant ist. Oder wir haben eine Funktion gegeben, die uns als erzeugende Funktion einer Folge begegnet, und wir wollen die Folge identifizieren, die sie als erzeugende Funktion hervorbringt. Auch das ist kombinatorisch von Interesse.

Beide Zugänge werden an jetzt kurz diskutiert, bevor wir formal definieren, was eine erzeugender Funktion ist, und uns an einigen Beispielen die Methode vor Augen führen.

1.1 Wir werfen eine unfaire Münze

Münzwürfe können spannend sein. „Durch den **Münzwurf von Rotterdam** wurde am 24. März 1965 der Sieger des Viertelfinal-Duells zwischen dem FC Liverpool und dem 1. FC Köln im Fußball-Europapokal der Landesmeister 1964/1965 ermittelt: der FC Liverpool gewann. Vorangegangen waren drei Spiele zwischen den beiden Mannschaften mit einer Gesamtdauer von 300 min, bei denen kein Sieger ermittelt werden konnte." [20]. Beim ersten Wurf blieb die Münze auf der Kante im Rasen stecken [7].

Wir wollen – ohne Hintergedanken – Münzwürfe ansehen, die ein unfaires Spiel treiben. Für eine Münze sei p die Wahrscheinlichkeit, bei einem zufälligen Wurf KOPF zu zeigen, mit Wahrscheinlichkeit $q := 1 - p$ wird dann ZAHL gezeigt. Die Wahrscheinlichkeit $w_{n,k}$, mit n Würfen genau k mal KOPF zu werfen, folgt wegen der stochastischen Unabhängigkeit der Würfe offensichtlich der Rekursionsformel

$$w_{n+1,k} = p \cdot w_{n,k-1} + q \cdot w_{n,k}, \tag{1.1}$$

wobei $w_{1,1} = p$ und daher $w_{1,0} = q$. Daraus erhält man durch Kombinieren, Erfahrung und Intuition, dass

$$w_{n,k} = \binom{n}{k} p^k q^{n-k} \tag{1.2}$$

gilt, wie man z. B. durch vollständige Induktion (vgl. S. 29) bestätigt.

Setzt man

$$W_n(x) := \sum_{k=0}^{n} w_{n,k} x^k,$$

so ist W_n ein Polynom n-ten Grades, und die Rekursionsgleichung (1.1) wird übersetzt in die Funktionalgleichung $W_{n+1}(x) = (q + p \cdot x) W_n(x)$, denn

$$W_{n+1}(x) = \sum_{k=0}^{n+1} w_{n+1,k} x^k$$

$$= p \sum_{k=0}^{n+1} w_{n,k-1} x^k + q \sum_{k=0}^{n+1} w_{n,k} x^k = p \sum_{k=0}^{n} w_{n,k} x^{k+1} + q \sum_{k=0}^{n} w_{n,k} x^k$$

$$= p \cdot x \cdot W_n(x) + q \cdot W_n(x) = (q + p \cdot x) W_n(x)$$

Und weil $W_1(x) = w_{1,0} + w_{1,1} x = q + px$ gilt, erhalten wir

$$W_n(x) = (q + px)^n = \sum_{k=0}^{n} \binom{n}{k} p^k q^{n-k} x^k \tag{1.3}$$

Weil der Koeffizient von x^k im Polynom W_n gerade die Wahrscheinlichkeit $w_{n,k}$ ist, lesen wir aus der Darstellung in Gl. (1.3) direkt das Ergebnis $w_{n,k} = \binom{n}{k} p^k q^{n-k}$ in Gl. (1.2) ab.

Der Erwartungswert $\mathbb{E}_n$ für n Würfe ist bekanntlich

$$\mathbb{E}_n = \sum_{k=0}^{n} k \cdot w_{n,k}, \tag{1.4}$$

wir müßten also die eher unbequem aussehende Summe $\sum_{k=0}^{n} k \cdot \binom{n}{k} p^k q^{n-k}$ auswerten. Auf der anderen Seite sieht man, wenn man $\mathbb{E}_n$ ein wenig umschreibt, dass

$$\mathbb{E}_n = \sum_{k=0}^{n} k \cdot w_{n,k} = \sum_{k=0}^{n} k \cdot w_{n,k} x^{k-1} \Big|_{x=1} = W_n'(1),$$

also (wegen $p + q = 1$)

$$\mathbb{E}_n = p \cdot n (q + p \cdot x)^{n-1} \Big|_{x=1} = p \cdot n \cdot (p + q)^{n-1} = p \cdot n. \tag{1.5}$$

Für die Varianz $\mathbb{V}_n$ für n Würfe gilt bekanntlich

$$\begin{aligned}
\mathbb{V}_n &= \sum_{k=0}^{n} (k - \mathbb{E}_n)^2 w_{n,k} \\
&= \sum_{k=0}^{n} k^2 w_{n,k} + \mathbb{E}_n^2 - 2\mathbb{E}_n \sum_{k=0}^{n} k w_{n,k} = \sum_{k=0}^{n} k^2 w_{n,k} - \mathbb{E}_n^2.
\end{aligned}$$

Das erfordert die Auswertung der Summe $\sum_{k=0}^{n} k^2 \binom{n}{k} p^k q^{n-k}$ und sieht auch nicht als besonders angenehm aus. Aus

$$W_n''(x) = \sum_{k=0}^{n} k(k-1) w_{n,k} x^{k-2}$$

erhalten wir aber durch direkte Rechnung $\mathbb{V}_n = W_n''(1) + W_n'(1) - W_n'(1)^2$, so dass sich für unsere Münze ergibt

$$\mathbb{V}_n = p^2 n(n-1) + pn - p^2 n^2 = pqn. \tag{1.6}$$

Das ist die Varianz für n Würfe. Wir wollen noch schnell aus den Gl. (1.5) und (1.6) für den Fall $p = q = 1/2$ Honig saugen. Dann ergeben sich nämlich mit $p^k q^{n-k} = 2^{-n}$ diese kombinatorischen Identitäten:

$$\sum_{k=0}^{n} k \binom{n}{k} = n 2^{n-1} \tag{1.7}$$

$$\sum_{k=0}^{n} k^2 \binom{n}{k} = n(n+1) 2^{n-2}. \tag{1.8}$$

1.2   Da stelle mehr uns janz dumm

In diesem Abschnitt gehen wir umgekehrt vor: Wir haben eine Funktion gegeben und wollen etwas über die zugrundeliegende Folge wissen.

Vielleicht erinnern Sie sich an den Film *Die Feuerzangenbowle* und an die unsterbliche Physik-Stunde. „Wo simmer denn dran? Aha, heute krieje mer de Dampfmaschin. Also, wat is en Dampfmaschin? Da stelle mehr uns janz dumm. Und da sage mer so: En Dampfmaschin, dat is ene jroße schwarze Raum, der hat hinten un vorn e Loch. Dat eine Loch, dat is de Feuerung. Und dat andere Loch, dat krieje mer später." [16, p. 27]

Wir tun so, als ob wir die Funktion

$$f_n(x) := (1 + x)^n$$

nicht kennen würden. Für das Beispiel $n = 5$ expandieren wir

$$f_5(x) = (1 + x)^5 = 1 + 5x + 10x^2 + 10x^3 + 5x^4 + x^5$$

und kennen damit die Koeffizienten von x^k für $k = 0, \ldots, 5$. Für den allgemeinen Fall wissen wir, dass $f_n(x)$ ein Polynom vom Grad n ist; die höchste Potenz von x, deren Koeffizient von Null verschieden ist, ist also n. Wir schreiben dieses Polynom aus

$$f_n(x) = \sum_{k=0}^{\infty} p(n, k)x^k$$

und lassen $p(n, k)$ den Koeffizienten von x^k im Polynom $(1 + x)^n$ sein. Also versuchen wir jetzt herauszufinden, was wir über die Koeffizienten $p(n, k)$ sagen können. Damit wissen wir schon einmal

$$p(n, k) = 0 \text{ für alle } k > n. \tag{1.9}$$

Da $(1 + x)^0 = 1$, können wir schließen $p(0, 0) = 1$, und da der Koeffizient von $1 = x^0$ stets 1 sein muss, erhalten wir $p(n, 0) = 1$ für alle $n \geq 1$. Weiterhin muss der Koeffizient von x^n, also der höchste Koeffizient, der von Null verschieden ist, gleich 1 sein.

Sehen wir uns kurz an, was wir bislang zusammengetragen haben:

$$p(n, k) = \begin{cases} 0, & \text{falls } k > n \\ 1, & \text{falls } n = k = 0 \\ 1, & \text{falls } n \geq 1, k = 0 \text{ oder } k = n \end{cases} \tag{1.10}$$

Für den allgemeinen Fall $n \geq 1$ erhalten wir für $1 \leq k < n$

$$p(n + 1, k) = p(n, k) + p(n, k - 1). \tag{1.11}$$

Denn um den Koeffizienten $p(n + 1, k)$ von x^k in $(1 + x)^{n+1} = (1+x)^n(1+x)$ zu bestimmen, überlegen wir uns, dass dieser Koeffizient durch den Faktor 1 aus dem Koeffizienten von x^k in $(1 + x)^n$ übernommen wird oder aus dem Koeffizienten von x^{k-1} durch Multiplikation von x in $(1 + x)^n$ entsteht; daraus ergibt sich durch Summation die Formel in Gl. (1.11).

Es ergibt sich schnell das bekannte *Pascalsche Dreieck* aus Abb. 1.1. Aus dem Dreieck lässt sich zum Beispiel die Vermutung formulieren, dass $p(n, 1) = n$ für alle $n \geq 1$ gilt. Mal sehen, wie wir das beweisen können. Die Aussage gilt sicher für $n = 1$; wenn wir es für ein n bereits bewiesen haben, so sehen wir aus Gl. (1.11), dass gilt

$$p(n + 1, 1) = p(n, 1) + p(n, 0) = n + p(n, 0) = n + 1,$$

denn $p(n, 1) = n$ war angenommen worden, und $p(n, 0) = 1$ können wir aus Gl. (1.10) ablesen. Also stimmt's. Auf dieselbe Art können wir diese Symmetrie-Eigenschaft nachweisen: $p(n, k) = p(n, n - k)$. Das kann man am Pascalschen Dreieck ganz gut nachvollziehen, denn die Werte sind um die Mittelachse symmetrisch.

Jetzt brauchen wir 'ne Idee

Um aber jetzt mit der Darstellung von $p(n, k)$ weiterzukommen, ist eine neue Idee nötig. Wir nehmen hierzu $n > 0$ und $0 \leq k \leq n$ an. Dieser Wert $p(n, k)$

Abb. 1.1 Das Pascalsche Dreieck

0				1				
1			1		1			
2		1		2		1		
3	1		3		3		1	
4	1		4		6		4	1
5	1	5		10		10	5	1
6	1	6	15		20	15	6	1
7	1	7	21	35	35	21	7	1

als Koeffizient von x^k in der Expansion von $(1 + x)^n$ ist zustande gekommen, indem die k Elemente aus n, die wir ausgewählt haben, mit x markieren, die nicht ausgewählten mit 1. Also ist $p(n, k)$ gerade die Anzahl der Möglichkeiten, aus einer n-elementigen Menge k Elemente auszuwählen.

Na gut, aber was können wir über diese Anzahl sagen? Wenn wir eine feste Reihenfolge annehmen, so haben wir n Möglichkeiten für das erste Element (bleiben $n - 1$ Elemente), $n(n - 1)$ Möglichkeiten für das erste und das zweite Element, ..., $n(n-1) \cdot \ldots \cdot (n-k+1)$ Möglichkeiten, das erste, ..., das k-te Element auszuwählen. Jetzt hatten wir eine feste Reihenfolge für die k Elemente angenommen, und es gibt bekanntlich $k!$ verschiedene Möglichkeiten, eine solche Reihenfolge festzulegen, also haben wir herausgefunden, dass

$$p(n, k)\, k! = n(n - 1) \cdot \ldots \cdot (n - k + 1),$$

das können wir in der handlicheren Form durch Erweitern als

$$p(n, k) = \frac{n(n - 1) \cdot \ldots \cdot (n - k + 1)}{k!} = \frac{n!}{k!(n - k)!} \tag{1.12}$$

schreiben. Mal sehen, ob unser Optimismus, eine explizite Formel gefunden zu haben, auch wirklich berechtigt ist.

1. Für $n = k = 0$ haben wir $0!/(0!0!) = 1$.
2. Für $k = 0$ oder $k = n$ haben wir $n!/(0!n!) = 1$.
3. Jetzt kommt der Härtetest:

$$p(n, k) + p(n, k - 1) = \frac{n!}{k!(n - k)!} + \frac{n!}{(k - 1)!(n - (k - 1))!}$$
$$= \frac{n!(n + 1 - k) + n!k}{k!(n + 1 - k)!} = \frac{n!(n + 1)}{k!(n + 1 - k)!} = \frac{(n + 1)!}{k!(n + 1 - k)!}$$
$$= p(n + 1, k).$$

Das bestätigt die Rekursionsgleichung (1.11).

Damit haben wir $p(n, k)$ als die Anzahl der k-elementigen Teilmengen einer n-elementigen Menge berechnet und eine explizite Formel dafür gefunden, wenn $0 \le k \le n$ und $n \ge 1$. Die Interpretation passt auch für $k > n$, denn dann ist $p(n, k) = 0$, und auch für $p(0, 0)$, denn es gibt nur eine Möglichkeit, aus der leeren Menge eine null-elementige ($\equiv$ leere) auszuwählen.

Man schreibt bekanntlich

$$p(n, k) = \binom{n}{k} = \frac{n!}{k!(n - k)!},$$

so dass mit Gl. (1.12)

$$(1 + x)^n = \sum_{k=0}^{n} \binom{n}{k} x^k \tag{1.13}$$

geschrieben werden kann, $p(n, k)$ ist ein Binomialkoeffizient.

1.3   Definition und erste Beispiele

Wir machen uns jetzt Gedanken über die Vorgehensweise: Bei der Untersuchung des Münzwurfs haben wir sozusagen eine Leine aufgespannt und daran die Wahrscheinlichkeiten aufgehängt.

Auf diese Weise ist ein Polynom entstanden, das wir genauer untersuchen konnten. Statt also die einzelnen Wahrscheinlichkeiten individuell anzusehen, haben wir sie gemeinsam betrachten können, weil wir durch das Polynom ein gemeinsames Untersuchungsobjekt haben. Das Polynom W_n enthält also *alle* Informationen, die wir über die (endliche) Folge $(w_{n,k})_{0 \le k \le n}$ zur Verfügung haben. Wir nennen W_n die *erzeugende Funktion* der Folge.

Diese Überlegungen kann man auf unendliche Folgen ausdehnen:

Definition 1 Die *erzeugende Funktion* der Folge $\langle a_n \rangle_{n \in \mathbb{N}}$ reeller Zahlen ist der Ausdruck $\sum_{n=0}^{\infty} a_n x^n$. Wir schreiben das abkürzend als

$$\langle a_n \rangle_{n \in \mathbb{N}} \rightsquigarrow \sum_{n=0}^{\infty} a_n x^n$$

(oder einfach $\langle a_n \rangle \rightsquigarrow F(x)$, wenn wir F kennen).

Exkurs[1]

Das x in $\sum_{n=0}^{\infty} a_n x^n$ ist eine symbolische Variable, von der wir zunächst nicht annehmen, dass sie reelle oder komplexe Werte annimmt. Sie dient als Größe für die Manipulation der erzeugenden Funktion. Daher kümmern wir uns nicht um Fragen der Konvergenz, die ja bei Taylor-Reihen so wichtig ist. Eine erzeugende Funktion ist also eine *formale Potenzreihe*, x^n dient als Wäscheklammer für a_n (diese anschauliche Sichtweise zitiert H. Wilf [21]).

Wir werden sehen, dass wir mit dieser eher algebraischen Sichtweise ziemlich weit kommen.

Auf der anderen Seite kann man eine solche formale Potenzreihe mit reellen oder komplexen Gliedern auch als unendliche Reihe im Sinne der klassischen Differential- und Integralrechnung [1, 2] auffassen, insbesondere dann, wenn Werte innerhalb des Konvergenzkreises der Reihe gefragt sind. Erzeugende Funktionen haben also ein Doppelgesicht: einmal als komplexe Funktionen (womit die Tür zur klassischen Theorie weit offen steht), zum anderen als formale Potenzreihen, die

---

[1] Die Fachschaft Informatik der Technischen Universität Dortmund hat jahrzehntelang den legendären Lehrer-Lämpel-Pokal an einen Lehrenden verliehen, den sie durch Lehr-Befragungen ermittelt hatte. Mit ihren obligatorischen Lehr-Evaluationen hat die Bologna-Reform freilich solchen studentischen Initiativen einen Riegel vorgeschoben.

viele Techniken zur Manipulation etwa von Taylor-Reihen in verblüffender Weise anzuwenden gestatten. Diese Techniken haben eine verführerische Verbindung zu kombinatorischen Problemen. Das werden wir hier an vielen Stellen deutlich sehen.   ∎

Manchmal ist es übrigens ganz nützlich, wenn man den Koeffizienten a_n von x^n in der erzeugenden Funktion f mit $\langle a_n \rangle_{n \in \mathbb{N}} \rightsquigarrow f(x)$ ansprechen kann; wir tun dies mit dem Symbol $[x^n]f(x)$, also zum Beispiel

$$[x^n]\frac{1}{1-x} = 1$$

$$[x^k](1+x)^n = \begin{cases} \binom{n}{k}, & \text{für } 0 \le k \le n \\ 0, & \text{sonst} \end{cases}$$

Um die Vorgehensweise zu demonstrieren, sehen wir uns die erzeugende Funktion $F(x)$ der Folge $\langle 1 \rangle_{n \in \mathbb{N}}$ an (also in unserer neuen Schreibweise $\langle 1 \rangle_{n \in \mathbb{N}} \rightsquigarrow F(x)$):

$$F(x) = \sum_{n=0}^{\infty} x^n = 1 + x + \sum_{n=0}^{\infty} x^{n+2} = 1 + x + x^2 F(x).$$

Aus dieser Funktionalgleichung ergibt sich

$$\langle 1 \rangle_{n \in \mathbb{N}} \rightsquigarrow F(x) = \frac{1+x}{1-x^2} = \frac{1}{1-x} \qquad (1.14)$$

Diese Argumentation geht auf den großen *Leonhard Euler* zurück und verzichtet auf Konvergenzbetrachtungen. Wollte man freilich $F(x)$ als reelle oder komplexe Funktion betrachten, so müßte man überlegen, für welche x man so argumentieren darf (und würde $|x| < 1$ fordern).

Wir sehen uns einige Beispiele an:

1. $\langle 1 \rangle_{0 \le k \le n} \rightsquigarrow (1 - x^{n+1})/(1-x)$. Das ist die bekannte endliche geometrische Reihe.
2. $\langle 1, 0, 1, 0, 1, \ldots \rangle \rightsquigarrow 1/(1-x^2)$. Die Folgenglieder a_n sind definiert als

$$a_n := \begin{cases} 1, & n \text{ gerade}, \\ 0, & n \text{ ungerade}. \end{cases}$$

Also

$$\sum_{n=0}^{\infty} a_n x^n = \sum_{n=0}^{\infty} a_{2n} x^{2n} = \sum_{n=0}^{\infty} x^{2n} = \frac{1}{1-x^2}$$

3. $\left(\binom{n}{k} \right)_{0 \le k \le n} \rightsquigarrow (1+x)^n$, hier sieht man die bekannte Formulierung des binomischen Lehrsatzes, vgl. Abschn. 1.2.

Der Binomialkoeffizient $\binom{n}{k}$ ist für natürliches $n \in \mathbb{N}$ und $0 \le k \le n$ wie in Gl. (1.12) definiert als

$$\binom{n}{k} = \frac{n!}{k!(n-k)!}, \text{ falls } 0 \le k \le n$$

mit $\binom{n}{0} = 1$. Diese Definition wird durch die kombinatorische Interpretation als Anzahl der Wahlmöglichkeiten von k Objekten aus einer Gesamtheit von n Objekten ohne Zurücklegen nahegelegt, wie wir oben gesehen haben. Sie spiegelt sich ja auch in der erzeugenden Funktion $(1+x)^n$.

Für den Fall $n > 0$ kann man ziemlich viel kürzen:

$$\frac{n!}{(n-k)! \cdot k!} = \frac{n \cdot (n-1) \cdot \ldots \cdot (n-k+1)}{k!},$$

und es gibt eigentlich keinen Grund, den Bruch auf der rechten Seite auf natürliche n zu beschränken, und so definieren wir

$$\binom{r}{k} := \frac{r \cdot (r-1) \cdot \ldots \cdot (r-k+1)}{k!} = \prod_{j=1}^{k} \frac{r-j+1}{j} \tag{1.15}$$

für beliebiges *reelles* $r \in \mathbb{R}$ und natürliches k mit $k > 0$. Zusätzlich setzen wir $\binom{r}{0} := 1$, da es sich hier um ein leeres Produkt handelt. Die erzeugende Funktion für diese Folge fügt sich nahtlos ein:

$$\left(\binom{r}{k} \right)_{k \in \mathbb{N}} \rightsquigarrow (1+x)^r. \tag{1.16}$$

So erhält man z. B.

$$\binom{-1/2}{k} = \prod_{j=1}^{k} \frac{-1/2 - j + 1}{j} = \frac{(-1)^k}{k!} \cdot \prod_{j=1}^{k} \frac{2j-1}{2} = \frac{(-1)^k}{k! 2^k} \frac{(2k)!}{2^k k!},$$

also insgesamt

$$\binom{-1/2}{k} = \frac{(-1)^k}{4^k}\binom{2k}{k}.$$

Daraus bekommen wir die interessante Darstellung

$$\left\langle \frac{(-1)^k}{4^k}\binom{2k}{k} \right\rangle_{k\in\mathbb{N}} \rightsquigarrow \frac{1}{\sqrt{1+x}}. \tag{1.17}$$

Einige Rechenregeln wären ja auch ganz nett

2

Es ist jetzt an der Zeit, einige Rechenregeln aufzustellen, um leichter an weitere Beispiele zu kommen. Weil wir gelegentlich ziemlich heftig mit Summen hantieren müssen (der Leser hat schon einen Geschmack davon bekommen, denke ich), lockern wir zuerst die Gelenke.

2.1 Eine kleine Fingerübung

Versuchen wir unser Glück an der erzeugenden Funktion Q für die Folge $\langle 1/(2^n - 1)\rangle_{n \geq 1}$. Die Folge hat *fast* die Form $\langle 2^{-n}\rangle_{n \in \mathbb{N}}$ die wir ja bereits kennen, aber eben nur fast. Die Unterschiede sind klein, aber fein. Zunächst sehen wir, dass die Folge bei $n = 1$ beginnt und nicht bei $n = 0$. Das macht nix, wie wir gleich sehen werden. Die Kopfschmerzen kommen vom Faktor $1/(2^n - 1)$.

Aber wir haben ja schon einige Techniken auf Lager.

Wir halten einfach n fest und schreiben den Koeffizienten von x^n in $Q(x)$ ein wenig anders, indem wir 2^n ausklammern und uns an die geometrische Reihe erinnern,

$$\frac{1}{2^n - 1} = \frac{1}{2^n} \cdot \frac{1}{1 - 2^{-n}} = \frac{1}{2^n} \cdot \sum_{k=0}^{\infty} \frac{1}{2^{k \cdot n}}.$$

Das setzen wir in die definierende Gleichung für $Q(x)$ ein und sehen, was wir dann tun können:

$$Q(x) = \sum_{n=1}^{\infty} \frac{x^n}{2^n - 1} = \sum_{n=1}^{\infty} \frac{x^n}{2^n} \sum_{k=0}^{\infty} \frac{1}{2^{k \cdot n}} = \sum_{n=1}^{\infty} \sum_{k=0}^{\infty} \frac{x^n}{2^{k \cdot n}}.$$

Ach du liebe Zeit!

© Der/die Autor(en), exklusiv lizenziert an Springer-Verlag GmbH, DE, ein Teil von Springer Nature 2022
E.-E. Doberkat, *Erzeugende Funktionen verständlich erklärt,* essentials, https://doi.org/10.1007/978-3-662-65163-6_2

Das sieht nicht so aus, als ob das Leben einfacher geworden wäre. Aber nur die Ruhe. Wir vertauschen nämlich jetzt die beiden Summen, die über n und die über k. Dann sehen wir nämlich ein vertrautes Muster:

$$Q(x) = \overbrace{\sum_{k=0}^{\infty} \sum_{n=1}^{\infty}}^{\text{vertauscht}} \frac{x^n}{2^n} \cdot \frac{1}{2^{k \cdot n}} = \sum_{k=0}^{\infty} \sum_{n=0}^{\infty} \frac{x^n}{2^{(k+1) \cdot n}} = \sum_{k=0}^{\infty} \frac{x}{2^{k+1}} \cdot \overbrace{\sum_{n=0}^{\infty} \frac{x^n}{2^{(k+1) \cdot n}}}^{\text{das kennen wir}}.$$

Die innere Summe ist uns schon einigermaßen bekannt:

$$\sum_{n=0}^{\infty} \frac{x^n}{2^{(k+1) \cdot n}} = \sum_{n=0}^{\infty} \left(x \cdot 2^{-(k+1)} \right)^n = \frac{1}{1 - x \cdot 2^{-(k+1)}},$$

so dass wir erhalten

$$Q(x) = \sum_{k=0}^{\infty} \frac{x}{2^{k+1} \cdot (1 - x \cdot 2^{-(k+1)})} = \sum_{k=0}^{\infty} \frac{x}{2^{(k+1)} - x},$$

jetzt verschieben wir den Summationsindex noch so, dass wir 1 als erstes Summationsglied haben, und sehen als Ergebnis

$$Q(x) = \sum_{k=1}^{\infty} \frac{x}{2^k - x}. \tag{2.1}$$

Der *kleine Unterschied* hat uns also hier dazu veranlasst, einige Umwege zu gehen, und das Resultat ist auch nicht so „schön" wie das der einfacheren Folge, denn es ist immer noch eine unendliche Summe.

Dieser Summationstrick, den wir oben gesehen haben, ist ganz lustig und kann ein bisschen erweitert werden. Für die erzeugende Funktion g der Folge $\langle a_n \rangle_{n \in \mathbb{N}}$ gilt

$$\frac{g(x)}{1 - x} = \sum_{n=0}^{\infty} \left(\sum_{j=0}^{n} a_j \right) \cdot x^n.$$

Wir können also aus der erzeugenden Funktion für eine Folge die erzeugende Funktion für die Folge, die sich durch Aufsummieren ergibt, berechnen. Das geht so (und hier benutzen wir wieder einen Summationstrick):

$$
\overbrace{\sum_{n=0}^{\infty} \sum_{j=0}^{n} a_j \cdot x^n}^{(\clubsuit)} = \overbrace{\sum_{j=0}^{\infty} \sum_{n=j}^{\infty} a_j \cdot x^n}^{(\diamondsuit)} \overset{(\dagger)}{=} \sum_{j=0}^{\infty} a_j \sum_{n=j}^{\infty} x^n
$$

$$
\overset{(\ddagger)}{=} \sum_{j=0}^{\infty} a_j \sum_{n=0}^{\infty} x^{n+j} \overset{(\sharp)}{=} \sum_{j=0}^{\infty} a_j \cdot x^j \sum_{n=0}^{\infty} x^n \overset{(\heartsuit)}{=} g(x) \cdot \frac{1}{1-x}
$$

Die Summation in ($\clubsuit$) erstreckt sich über die Menge

$$
\{\langle n, j \rangle \mid n \geq 0, 0 \leq j \leq n\},
$$

die mit der Menge

$$
\{\langle n, j \rangle \mid j \geq 0, j \leq n < \infty\}
$$

übereinstimmt. Aber das ist gerade der Bereich, über den in ($\diamondsuit$) summiert wird. In ($\dagger$) trennen wir die Summationsindizes j und n voneinander, so dass wir mit ihnen unabhängig rechnen können, in der Gleichung ($\ddagger$) verschieben wir den Summationsindex n, so dass wir x^j ausklammern und vor die n-Summe schreiben können, was in ($\sharp$) geschieht. Dort begegnet uns auch eine Bekannte, nämlich die geometrische Reihe, und damit sind wir fertig, weil wir damit den Ausdruck in Gleichung ($\heartsuit$) umformen. Die Manipulation ($\clubsuit$) $\rightarrow$ ($\diamondsuit$) $\rightarrow$ ($\dagger$) erinnert an den Satz von Fubini in der Integrationstheorie und wird daher gelegentlich *Fubinito* genannt.

Wir fangen jetzt damit an, unseren Werkzeugkasten säuberlich einzurichten.

2.2 Die üblichen Verdächtigen

Einige Regeln für erzeugende Funktionen sind ziemlich offensichtlich. Gleichwohl vermerken wir sie hier.

Konstanten Für $c \in \mathbb{R}$ und die Folge $\langle c^n \rangle_{n \in \mathbb{N}}$ finden wir

$$
\langle c^n \rangle_{n \in \mathbb{N}} \rightsquigarrow \frac{1}{1 - cx} \tag{2.2}
$$

Indexverschiebungen: Ist $\langle a_n \rangle_{n \in \mathbb{N}}$ eine Folge mit erzeugender Funktion f, so gilt

$$\langle a_{n+1}\rangle_{n\in\mathbb{N}} \rightsquigarrow \frac{1}{x}\big(f(x)-a_0\big), \tag{2.3}$$

$$\langle a_{n-1}\rangle_{n\in\mathbb{N}} \rightsquigarrow x f(x), \tag{2.4}$$

wenn man $a_{-1} := 0$ setzt.

Addition: Wenn $\langle a_n\rangle \rightsquigarrow f$ und $\langle b_n\rangle \rightsquigarrow g$, so gilt für die reellen Zahlen $r, s \in \mathbb{R}$

$$\langle r\cdot a_n + s\cdot b_n\rangle \rightsquigarrow r\cdot f + s\cdot g.$$

Wir können also erzeugende Funktionen addieren und mit Skalaren multiplizieren. Eigentlich klar.

2.3   Herausfiltern von Vielfachheiten

Wir haben oben $\langle 1, 0, 1, 0, 1, \dots\rangle \rightsquigarrow 1/(1-x^2)$ berechnet, indem wir die geraden Folgeglieder der Folge $\langle 1\rangle_{n\in\mathbb{N}}$ herausgefiltert haben. Das hätten wir auch machen können, indem wir für die erzeugende Funktion f der konstanten Folge $1/2\big(f(x)+f(-x)\big)$ berechnet hätten:

$$\frac{1}{2}\left(\frac{1}{1-x}+\frac{1}{1+x}\right) = \frac{1}{1-x^2}.$$

Trommelwirbel [21, p. 48]:

Jetzt kommt ein magischer Trick.

Man weiß, dass 1 und -1 die zweiten Einheitswurzeln sind, deshalb führt die obige Konstruktion zum Ziel. Mit diesem Wegweiser gehen wir auf die Reise. Man setzt für $r \in \mathbb{N}$ wie üblich $\zeta_r := \exp(2\pi i/r)$, dann sind $\zeta_r^0, \dots \zeta_r^{r-1}$ die r-ten Einheitswurzeln, und es gilt ($\zeta_r \neq 1$):

$$\frac{1}{r}\sum_{j=0}^{r-1}\zeta_r^{nj} = \frac{1}{r}\cdot\frac{1-\zeta_r^{r\cdot n}}{1-\zeta_n^r} = \begin{cases} 1, & \text{falls n Vielfaches von r ist} \\ 0, & \text{sonst} \end{cases} \tag{2.5}$$

Wenn also $\langle a_n\rangle_{n\in\mathbb{N}} \rightsquigarrow f(x)$, erhält man

$$\langle a_{r\cdot n}\rangle_{n\in\mathbb{N}} \;\rightsquigarrow\; \frac{1}{r}\sum_{j=0}^{r-1} f(\zeta_r^{\,j}\cdot x)$$

als erzeugende Funktion für die gefilterte Folge $\langle a_{r\cdot n}\rangle_{n\in\mathbb{N}}$. In der Tat berechnet man direkt aus (2.5), dass

$$[x^n]\,\frac{1}{r}\sum_{j=0}^{r-1} f(\zeta_r^{\,j}\cdot x) = a_{r\cdot n}.$$

gilt. Mit diesem Trick berechnet Wilf [21, p. 49] den nicht ganz einfachen Ausdruck

$$\lambda_n := \sum_{k=0}^{\infty}(-1)^k \binom{n}{3k}.$$

Setzt man $F(x) := (1+x)^n$ und $\left\langle \binom{n}{3k}\right\rangle_{k\in\mathbb{N}} \rightsquigarrow f(x)$, so reicht es offenbar, $f(-1)$ zu berechnen. Weil F and f Polynome sind, brauchen wir uns um Konvergenzfragen keine Gedanken zu machen und können mit ihnen als komplexwertige Funktionen arbeiten.

Aus den obigen Überlegungen sehen wir, dass

$$f(x) = \frac{F(x) + F(\zeta_3^1\cdot x) + F(\zeta_3^2\cdot x)}{3} = \frac{(1+x)^n + (1+\zeta_3^1\cdot x)^n + (1+\zeta_3^2\cdot x)^n}{3},$$

also

$$\lambda_n = \frac{(1-\zeta_3^1)^n + (1-\zeta_3^2)^n}{3} = \frac{1}{3}\cdot\left(\left(\frac{3-i\sqrt{3}}{2}\right)^n + \left(\frac{3+i\sqrt{3}}{2}\right)^n\right)$$

$$= 2\cdot 3^{(n/2-1)}\cdot \cos(n\pi/3).$$

2.4 Multiplikation und Faltung

Ist $\langle a_n\rangle \rightsquigarrow f$ und $\langle b_n\rangle \rightsquigarrow g$, so ist

$$\left(\sum_{k=0}^{n} a_k b_{n-k}\right)_{n\in\mathbb{N}} \;\rightsquigarrow\; f\cdot g. \qquad (2.6)$$

Das läßt sich durch geschicktes Aufsammeln von Indizes beweisen:

$$f(x) \cdot g(x) = \left(\sum_{n=0}^{\infty} a_n x^n \right) \cdot \left(\sum_{n=0}^{\infty} b_n x^n \right) \qquad = \sum_{n=0}^{\infty} \sum_{k=0}^{\infty} a_n b_k x^{n+k}$$

$$= \sum_{n=0}^{\infty} \left(\sum_{m,\ell \text{ mit } m+\ell=n} a_m b_\ell \right) x^n \qquad = \sum_{n=0}^{\infty} \left(\sum_{k=0}^{n} a_k b_{n-k} \right) x^n$$

Wir haben oben gesehen, dass $\langle 1 \rangle \rightsquigarrow 1/(1-x)$ ist. Mit dieser Regel sehen wir, dass $\langle n+1 \rangle_{n \in \mathbb{N}} \rightsquigarrow 1/(1-x)^2$, denn

$$[x^n] \frac{1}{(1-x)^2} = [x^n] \left(\frac{1}{1-x} \cdot \frac{1}{1-x} \right) = \sum_{k=0}^{n} \left([x^k] \frac{1}{1-x} \right) \left([x^{n-k}] \frac{1}{1-x} \right)$$

$$= \sum_{k=0}^{n} 1 \cdot 1 = n+1$$

Aus der Produktformel (2.6) erhalten wir ziemlich einfach die Identität

$$\binom{2n}{k} = \sum_{\ell=0}^{k} \binom{n}{\ell} \binom{n}{k-\ell} \qquad\qquad (2.7)$$

mit $0 \le k \le n$ (für die man sich sonst ganz schön abstrampeln muß), denn

$$\binom{2n}{k} = [x^k](1+x)^{2n} = [x^k]\left((1+x)^n \right)\left((1+x)^n \right)$$

$$= \sum_{\ell=0}^{k} \left([x^\ell](1+x)^n \right) \cdot \left([x^{k-\ell}](1+x)^n \right) = \sum_{\ell=0}^{k} \binom{n}{\ell} \binom{n}{k-\ell}.$$

Was ist mit $n < k \le 2n$, fragt sich der aufmerksame Leser. Na ja, weil $\binom{2n}{k} = \binom{2n}{2n-k}$ gilt, ist dieser Fall auch abgedeckt.

2.5   Differentiation und Integration

Aus der Differential- und Integralrechnung ist geläufig, dass man unendlich Reihen auch differenzieren und integrieren kann, wenn man die Konvergenz betrachtet. Bei erzeugenden Funktionen, bei denen wir ja Fragen der Konvergenz ausgeblendet haben, kann man diese Operationen auch ausführen.

Mit $\langle a_n \rangle_{n \in \mathbb{N}} \rightsquigarrow f(x)$ ist

$$\left((n+1)a_{n+1} \right) \rightsquigarrow f'(x) := \frac{f(x)}{dx} = \sum_{n=0}^{\infty} n a_n x^{n-1} = \sum_{n=0}^{\infty} (n+1)a_{n+1}x^n$$

Es gilt zum Beispiel

$$\frac{1}{(1-x)^3} = \frac{1}{2}\frac{d}{dx}\frac{1}{(1-x)^2} = \frac{1}{2}\sum_{n=0}^{\infty}(n+1)(n+2)x^n,$$

also

$$\left\langle \binom{n+2}{2} \right\rangle_{n \in \mathbb{N}} = \left\langle \binom{n+2}{n} \right\rangle_{n \in \mathbb{N}} \rightsquigarrow \frac{1}{(1-x)^3} \tag{2.8}$$

Allgemein zeigt man durch Differentiation und durch vollständige Induktion, dass

$$\left\langle \binom{n+m}{m} \right\rangle_{n \in \mathbb{N}} = \left\langle \binom{n+m}{n} \right\rangle_{n \in \mathbb{N}} \rightsquigarrow \frac{1}{(1-x)^{m+1}} \tag{2.9}$$

für natürliches $m \in \mathbb{N}$.

Man überlegt sich leicht, dass

$$f^{(k)}(x) = \sum_{n=0}^{\infty} \frac{(n+k)!}{n!} x^n \tag{2.10}$$

für alle $k \in \mathbb{N}$ gilt, so wir insbesondere

$$\left\langle \frac{(n+k)!}{n!} a_{n+k} \right\rangle_{n \in \mathbb{N}} \rightsquigarrow f^{(k)}(x), \tag{2.11}$$

$$a_n = \frac{[x^0]f^{(n)}}{n!} \tag{2.12}$$

erhalten. Ist also eine Funktion gegeben, die von sich behauptet, eine erzeugende Funktion zu sein, so können wir uns jeweils – schwupps! – das durch $n!$ dividierte konstante Glied der n-ten Ableitung ansehen, haben so das n-te Glied der Folge identifiziert und so die Folge demaskiert. Damit befassen wir uns im Abschn. 5.

Zwei Beispiele zur Anwendung von Gl. (2.12):

1. Wir hatten in Gl. (1.16) behauptet, dass

$$\left\langle \binom{r}{n} \right\rangle_{n \in \mathbb{N}} \rightsquigarrow (1+x)^r \tag{2.13}$$

gilt. Das kann man glauben oder auch nicht. Mal sehen: Mit $f(x) := (1+x)^r$ erhalten wir $f^{(j)}(x) = r \cdot (r-1) \cdot \ldots \cdot (r-j+1) \cdot (1+x)^{r-j}$, das Produkt $r \cdot (r-1) \cdot \ldots \cdot (r-j+1)$ erinnert schon mächtig an den verallgemeinerten Binomialkoeffizienten. Wir erhalten dann auch prompt

$$\frac{r \cdot (r-1) \cdot \ldots \cdot (r-n+1)}{n!} = \binom{r}{n}$$

als den n-ten Koeffizienten, wie vorhergesagt.

2. Wenn die erzeugende Funktion f für die Folge $\langle a_n \rangle_{n \in \mathbb{N}}$ die Diffentialgleichung $f' = f$ erfüllt, so erhalten wir aus der Gl. (2.12) unmittelbar, dass $a_n = [x^0] f / n!$ für alle $n \in \mathbb{N}$ gilt, mit $C := [x^0] f$ haben wir also

$$f(x) = \sum_{n=0}^{\infty} C \cdot \frac{x^n}{n!} = C \cdot e^x. \tag{2.14}$$

Mit $\langle a_n \rangle_{n \in \mathbb{N}} \rightsquigarrow f(x)$ erhalten wir durch formale Integration

$$\left(\int f \right)(x) := \int_0^x f(t)\, dt = \sum_{n \geq 1} \frac{a_{n-1}}{n} x^n, \tag{2.15}$$

also $a_{n-1}/n = [x^n](\int f)(x)$ für $n \geq 1$. Damit erhalten wir zum Beispiel aus $\langle 1 \rangle_{n \in \mathbb{N}} = 1/(1-x)$, dass

$$\left\langle \frac{1}{n+1} \right\rangle_{n \in \mathbb{N}} \rightsquigarrow \ln \frac{1}{1-x} \tag{2.16}$$

Für die n-te *harmonische Zahl*

$$H_n := \sum_{k=1}^{n} \frac{1}{k} \tag{2.17}$$

erhalten wir aus (2.16) und (2.6)

$$\langle H_n \rangle_{n \geq 1} \rightsquigarrow \frac{1}{1-x} \ln \frac{1}{1-x}. \tag{2.18}$$

2.6 Inverse Paare

Für die beiden Folgen $\langle a_n \rangle_{n \in \mathbb{N}}$ und $\langle b_n \rangle_{n \in \mathbb{N}}$ gelte stets die Beziehung $b_n = \sum_{k=0}^{n} \binom{n}{k} a_k$. Dann gilt, so behaupten wir, auch die Beziehung $a_n = \sum_{k=0}^{n} (-1)^{n-k} \binom{n}{k} b_k$. Die beiden Folgen werden als *inverses Paar* bezeichnet.

Mal sehen: wir berechnen die erzeugende Funktion f für $\langle b_n/n! \rangle_{n \in \mathbb{N}}$, und dann schau'n mer mal, wie f sich zur erzeugenden Funktion g von $\langle a_n/n! \rangle_{n \in \mathbb{N}}$ verhält. Allora:

$$f(x) = \sum_{n=0}^{\infty} \frac{b_n}{n!} x^n = \sum_{n=0}^{\infty} \left(\overbrace{\sum_{k=0}^{n} \binom{n}{k} \frac{a_k}{n!k!}}^{\text{eingesetzt}} \right) x^n = \sum_{n=0}^{\infty} \left(\sum_{k=0}^{n} \overbrace{\frac{1}{(n-k)!}}^{\text{gekürzt}} \cdot \frac{a_k}{k!} \right) x^n = e^x \cdot g(x)$$

Bei der letzten Gleichung haben wir die Multiplikationsregel (2.6) angewandt. Aus $f(x) = e^x \cdot g(x)$ folgt $g(x) = e^{-x} \cdot f(x)$, und aus der Multiplikationsregel folgt dann die Behauptung:

$$b_n = \sum_{k=0}^{n} \binom{n}{k} a_k \Longleftrightarrow a_n = \sum_{k=0}^{n} (-1)^{n-k} \binom{n}{k} b_k. \tag{2.19}$$

Zum Beispiel ist $\langle 1 \rangle_{n \in \mathbb{N}}$ und $\langle 2^n \rangle_{n \in \mathbb{N}}$ ein inverses Paar: aus $2^n = \sum_{k=0}^{n} \binom{n}{k} \cdot 1^k$ erhält man $1 = \sum_{k=0}^{n} (-1)^{n-k} \binom{n}{k} 2^k$. Inverse Paare können offensichtlich dazu dienen, aus Summen die einzelnen Glieder herauszufischen. Wir erhalten z. B. aus (1.7) für alle $n \in \mathbb{N}$

$$n = \frac{1}{2} \sum_{k=0}^{n} \binom{n}{k} (-1)^{n-k} k 2^k,$$

$$n^2 = \frac{1}{4} \sum_{k=0}^{n} \binom{n}{k} (-1)^{n-k} k(k+1) 2^k$$

allein durch Überlegungen zu inversen Paaren, also insbesondere ohne die Induktionsmaschine anwerfen zu müssen.

Ein anderes berühmtes Paar erzeugender Funktionen, die zusammengehören (wie *Romeo & Julia*, *Ernie & Bert* oder *Marx & Engels*) ergibt sich aus dem *Prinzip der Inklusion und Exklusion*. Erinnern Sie sich: Um die Mächtigkeit $|A \cup B|$ der Vereinigung zweier endlicher Mengen zu berechnen, berechne man die Summe der Mächtigkeiten $|A| + |B|$ und subtrahiere die Mächtigkeit $|A \cap B|$ des Durchschnitts (das muß man tun, weil sonst Elemente doppelt gezählt würden), also

$$|A \cup B| = |A| + |B| - |A \cap B|.$$

Für drei endliche Mengen ist die Sache schon komplizierter:

$$|A \cup B \cup C| = |A| + |B| + |C| - |A \cap B| - |B \cap C| - |A \cap C| + |A \cap B \cap C|,$$

die Addition am Ende trägt der Beobachtung Rechnung, dass die Elemente des Durchschnitts $A \cap B \cap C$ einmal zu oft aus dem Spiel genommen wurden (man beachte, dass $A \cap B \cap C$ in $A \cap B$, $A \cap C$ und in $B \cap C$ enthalten ist). Abb. 2.1 verdeutlicht das.

Für beliebig viele endliche Mengen $A_1, \ldots, A_n$ sieht die Sache irgendwie unübersichtlich aus:

$$\left| \bigcup_{i=1}^{n} A_i \right| = \sum_{\emptyset \neq T \subseteq \{1,\ldots,n\}} (-1)^{|T|-1} \left| \bigcap_{i \in T} A_i \right|$$

Um zu einer allgemeineren Formulierung zu gelangen – die dann erzeugende Funktionen enthält – nehmen wir an, dass wir ein endliches Universum U haben, das wir sozusagen als Bühne bespielen. Zudem haben wir eine ebenfalls endliche Menge von Eigenschaften. Für $u \in U$ sei $P(u)$ die Menge aller Eigenschaften, die das Element hat. Dann ist

Abb. 2.1 Vereinigung
dreier Mengen: Berechnung
der Mächtigkeit

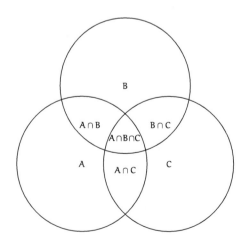

$$m_r := \sum_{|S|=r} \big|\{u \in U \mid S \subseteq P(u)\}\big|$$

die Anzahl aller Elemente des Universums, die *mindestens* r Eigenschaften haben. Es gilt

$$m_r = \sum_{|S|=r} \sum_{u \text{ mit } S \subseteq P(u)} 1 = \sum_{u \in U} \sum_{|S|=r, S \subseteq P(u)} 1 = \sum_{u \in U} \binom{|P(u)|}{r}$$

Ist g_t die Anzahl der Elemente des Universums, die *genau* t Elemente haben, so gilt offensichtlich

$$m_r = \sum_{t \geq 0} \binom{t}{r} g_t. \tag{2.20}$$

Sind

$$M(x) := \sum_{r=0}^{\infty} m_r x^r \text{ und } G(x) := \sum_{t=0}^{\infty} g_t x^t$$

die entsprechenden erzeugenden Funktionen, so haben wir

$$M(x) = G(x+1), \tag{2.21}$$

denn

$$M(x) = \sum_{r=0}^{\infty} m_r x^r = \overbrace{\sum_{t=0}^{\infty} \sum_{r=0}^{\infty} \binom{t}{r} g_t}^{\text{Gleichung (2.20)}} x^t = \sum_{t=0}^{\infty} g_t \overbrace{\sum_{r=0}^{\infty} \binom{t}{r} x^r}^{=(1+x)^t} = G(x+1).$$

(underbrace: vertauscht)

Aus $G(x) = M(x-1)$ erhält man dann die Darstellungen

$$g_t = \sum_{r=0}^{\infty} \binom{r+t}{t} (-1)^r m_{r+t} \quad \& \quad g_0 = \sum_{r=0}^{\infty} (-1)^r m_r. \tag{2.22}$$

In der Regel ist m_r, also die Anzahl der Objekte, die mindestens r Eigenschaften haben, einfacher zu ermitteln als die Anzahl der Objekte, die genau t Eigenschaften haben. Das wird am folgenden Beispiel deutlich.

Wir berechnen die Anzahl g_0 der Permutationen π von $\{1, \ldots, n\}$, die keinen Fixpunkt haben, für die also $\pi(i) \neq i$ für alle $i \in \{1, \ldots, n\}$ gilt. Für eine feste

Teilmenge A mit r Elementen ist $(n - r)!$ die Anzahl der Permutationen, die A fest lassen, die also mindestens die Elemente von A als Fixpunkte haben. Es gibt $\binom{n}{r}$ solcher Mengen A, also ist die Anzahl m_r der Permutationen mit *mindestens r* Fixpunkten gerade gleich $\binom{n}{r} \cdot (n - r)!$. Aus Gl. (2.22) erhalten wir dann

$$g_0 = \sum_{r=0}^{n} (-1)^k \binom{n}{r}(n - r)!$$

2.7   Sonderfall: Wahrscheinlichkeiten

Der Sonderfall, dass wir es bei $\langle a_n \rangle$ mit einer Folge von Wahrscheinlichkeiten zu tun haben, wie etwa oben beim Münzwurf, verdient besonderes Interesse. Es gilt also $a_n \geq 0$ und $\sum_{n \in \mathbb{N}} a_n = 1$. Wenn f die erzeugende Funktion für unsere Folge ist, so gelten für den Erwartungswert $\mathbb{E} = \mathbb{E}(\langle a_n \rangle)$ und die Varianz $\mathbb{V} = \mathbb{V}(\langle a_n \rangle)$

$$\mathbb{E}(\langle a_n \rangle) = f'(1),$$
$$\mathbb{V}(\langle a_n \rangle) = f''(1) + f'(1) - f'(1)^2$$

Das haben wir beim Münzwurf ja schon ausführlich benutzt.

Die Bestimmung dieser Werte kann übrigens gelegentlich in einfachen Fällen ein wenig umständlich sein. Das zeigt das Beispiel der erzeugenden Funktion f für die endliche Folge $\langle 1/n \rangle_{1 \leq k \leq n}$, die ein Experiment mit gleichverteilter Wahrscheinlichkeit über dem Ereignisraum $\{1, \ldots, n\}$ modelliert. Hier haben wir

$$f(x) = \frac{x - x^{n+1}}{n(1 - x)},$$
$$f'(x) = \frac{nx^{n+1} - (n + 1)x^n + 1}{n(x - 1)^2}$$
$$f''(x) = \frac{nx^{n-1}(n + 1)(x - 1)^2 + 2(x^{n+1} - 1) - 2x^n(n + 1)(x - 1)}{n(x - 1)^3}$$

Daraus erhält man (durch zweimalige Anwendung der Regel von L'Hospital)

$$\mathbb{E} = \frac{n + 1}{2} \quad \text{und} \quad \mathbb{V} = \frac{(n + 1)(n - 1)}{12}.$$

```
from sympy import *; from sympy import symbols
n, x = symbols("n, x")
from sympy import init_session

ausdr = (x-x**(n+1))/(n*(1-x)); print(latex(ausdr))
e1 = limit(diff(ausdr, x), x, 1); f_e1 = factor(e1); print(latex(f_e1))
e2 = limit(diff(ausdr, x, 2), x, 1); f_e2 = factor(e2)
var = f_e2 +f_e1 - f_e1**2; print(latex(factor(var)))
```

Abb. 2.2 Python-Skript zur symbolischen Berechnung von $\mathbb{E}$ und $\mathbb{V}$

Wir können uns übrigens die symbolische Rechenarbeit ein wenig erleichtern, indem wir uns des `sympy`-Pakets von Python bedienen (das Paket ist in [18] dokumentiert, eine erste Einführung ist in [4, Kap. 10] zu finden). Abb. 2.2 zeigt ein Skript, das wir kurz diskutieren.

Zunächst wird das Paket `sympy` importiert und die symbolischen Variablen werden vereinbart; die Zeile `from sympy import init_session` ist notwendig, aber hier nicht relevant. Dann definieren wir den *symbolischen* Ausdruck `ausdr`; die erste Druckanweisung druckt zur Demonstration die LaTeX-Darstellung:

```
\frac{x - x^{n + 1}}{n \left(1 - x\right)}.
```

Wir berechnen den Grenzwert $x \to 1$ für die erste Ableitung und vereinfachen ein wenig (Variable `f_e1`), analog für die zweite Ableitung, der Grenzwert für $x \to 1$ wird ebenfalls algebraisch vereinfacht und in `f_e2` abgespeichert. Daraus wird die Varianz berechnet und als LaTeX-Ausdruck ausgegeben:

```
\frac{\left(n - 1\right) \left(n + 1\right)}{12}
```

also

$$\frac{(n-1)(n+1)}{12}$$

Das alles wird symbolisch und nicht numerisch berechnet, was gelegentlich eine große Hilfe sein kann. Aus Spaß: wir berechnen für die sechste Ableitung $f^{(6)}$ den Grenzwert bei $x \to 1$

```
e6 = diff(ausdr, x, 6); print(latex(factor(limit(e6, x, 1))))
```

und erhalten

$$\lim_{x \to 1} f^{(6)}(x) = \frac{(n-5)\,(n-4)\,(n-3)\,(n-2)\,(n-1)\,(n+1)}{7}$$

Zurück zu erzeugenden Funktionen für Wahrscheinlichkeiten. Es ist gelegentlich hilfreich zu sehen, wie man für ein Produkt Erwartungswert und Varianz berechnet: sind f und g erzeugende Funktionen für Wahrscheinlichkeiten, so gilt

$$\mathbb{E}(f \cdot g) = \mathbb{E}(f) + \mathbb{E}(g) \text{ und } \mathbb{V}(f \cdot g) = \mathbb{V}(f) + \mathbb{V}(g). \qquad (2.23)$$

Die Fibonacci-Zahlen

3

Die *Fibonacci-Zahlen* $\langle F_n \rangle_{n \in \mathbb{N}}$ sind bekanntlich rekursiv definiert durch $F_0 := 0$, $F_1 := 1$ und $F_n := F_{n-1} + F_{n-2}$ für $n \geq 2$. Die ersten Folgenglieder lauten also

$$0, 1, 1, 2, 3, 5, 8, 13, 21, 34, \ldots,$$

ein Python-Skript zur Berechnung findet sich auf Seite 31. Diese Zahlen haben einen reichen Kult entwickelt, der sich insbesondere um den *Goldenen Schnitt* rankt, mit dem man, so meinen manche, Schönheit mathematisch beschreiben kann (Schönheit ist ein ästhetisches, also hochgradig subjektives Phänomen, das sich gerade deswegen einer Objektivierung entzieht). Der Gesichtspunkt der Schönheit wird bei H. Walser [19] unter dem Gesichtspunkt der – mathematisch faßbaren – Symmetrie näher untersucht.

Bei vielen Phänomenen in der Natur finden sich diese Fibonacci-Zahlen in eindrucksvoller Weise; weil das schon so häufig beschrieben wurde, bleiben zunächst wir bei den Zahlen selbst, deren Eigenschaften nach wie vor eine ungebrochene Faszination ausüben. Zum Abschluss des Abschnitts lassen wir aber noch kurz die Bienen fliegen, um die Fibonacci-Zahlen mit Leben (mit Honig?) zu füllen. Wir zeigen dort auch, dass man diese Zahlen sogar als Basis für eine Zahldarstellung nehmen kann.

3.1 Die erzeugende Funktion

Es geht uns zunächst um die erzeugende Funktion f für diese Folge. Wir schreiben

$$f(x) := \sum_{n=0}^{\infty} F_n x^n = F_0 x^0 + F_1 x^1 + \sum_{n=2}^{\infty} F_n x^n.$$

E.-E. Doberkat, *Erzeugende Funktionen verständlich erklärt,* essentials, https://doi.org/10.1007/978-3-662-65163-6_3

Die letzte Summe kann geschrieben werden als (Abb. 3.1)[1]

$$\sum_{n=0}^{\infty} F_{n+2}x^{n+2} = \sum_{n=0}^{\infty} F_{n+1}x^{n+2} + \sum_{n=0}^{\infty} F_n x^{n+2} = xf(x) + x^2 f(x),$$

also ergibt sich die Funktionalgleichung $f(x) = x + xf(x) + x^2 f(x)$, woraus wir als Darstellung für die erzeugende Funktion ableiten

$$\langle F_n \rangle \rightsquigarrow \frac{x}{1 - x - x^2} \tag{3.1}$$

Das sieht noch nicht besonders hilfreich aus. Im Nenner dieses Bruchs findet sich ein Polynom zweiten Grades.

Wir überlegen folgendes: ist $x^2 + rx + s$ ein solches Polynom mit den unterschiedlichen Nullstellen a und b, so können wir das Polynom bekanntlich in die Faktoren $x - a$ und $x - b$ zerlegen, $x^2 + rx + s = (x - a)(x - b)$. Also können wir auch schreiben

$$\frac{1}{x^2 + rx + s} = \frac{1}{(x - a)(x - b)} = \frac{A}{x - a} + \frac{B}{x - b}$$

Abb. 3.1 Statue von
Leonardo Fibonacci,
Camposanto Monumentale,
Pisa

---

[1] Dieser Hinweis ist an dieser Stelle nicht besonders sinnvoll, darf aber wegen der Richtlinien des Verlags nicht gestrichen werden.

mit Werten A und B, die wir bestimmen müssen. Aus

$$\frac{A}{x-a} + \frac{B}{x-b} = \frac{A(x-b) + B(x-a)}{(x-a)(x-b)}$$

folgt $A(x-b) + B(x-a) = 1$ durch Multiplikation mit dem Nenner. Hieraus erhalten wir $A = 1/(a-b) = -B$ (man setzt $x = a$ und dann $x = b$), also

$$\frac{1}{x^2 + rx + s} = \frac{1}{a-b}\left(\frac{1}{x-a} - \frac{1}{x-b}\right).$$

Um auf unsere erzeugende Funktion in Gl. (3.1) zurückzukommen: Die Nullstellen des Polynoms im Nenner sind $-1/2(1 \pm \sqrt{5})$. Wir setzen

$$\phi := \frac{1}{2}(1 + \sqrt{5}) = 1{,}618033988749895$$

$$\hat{\phi} := \frac{1}{2}(1 - \sqrt{5}) = -0{,}6180339887498949$$

und erhalten nach elementaren Umformungen die Darstellung

$$\langle F_n \rangle \rightsquigarrow \frac{1}{\sqrt{5}}\left(\frac{1}{1 - \phi x} - \frac{1}{1 - \hat{\phi} x}\right) \tag{3.2}$$

Nun ist die n-te Fibonacci-Zahl F_n der Koeffizient $[x^n]f$ von x^n in der erzeugenden Funktion f in Gl. (3.1) und daher auch in Gl. (3.2), so dass sich durch den Vergleich der Koeffizienten aus der letzten Gleichung ergibt

$$F_n = \frac{\phi^n - \hat{\phi}^n}{\sqrt{5}}. \tag{3.3}$$

Diese Darstellung einer Fibonacci-Zahl ist praktischer als die Darstellung durch ihre Vorgänger, denn wir können F_n bei vorgegebenem n rasch berechnen, ohne mühsam durch die Folge aller ihrer Vorgänger zu gehen. Sie scheint bereits L. Euler und D. Bernoulli bekannt gewesen zu sein.

Insgesamt erweckt sie historisches Interesse. Für unserer Zwecke ist sie wichtig, weil sie zeigt, dass wir aus der Idee, erzeugende Funktionen zu definieren, wichtige und interessante Kenntnisse über die Folge aus der Funktion extrahieren können.

Ein kurzer Blick auf ϕ, die Lösung der Gleichung $x^2 - x + 1$: Man kann die Gleichung $\phi^2 = \phi + 1 = 1 + \phi$ ja auch schreiben als $\phi = \sqrt{1 + \phi}$, also, durch Einfügen, $\phi = \sqrt{1 + \sqrt{1 + \phi}}$, woraus sich schließlich ergibt

$$\phi = \sqrt{1 + \sqrt{1 + \sqrt{1 + \dots}}}$$

Einschub: Das Goldene Rechteck

Die Zahl ϕ erhält man auch aus dem *Goldenen Rechteck,* wie es manchmal genannt wird. Der deutsche Psychologe G. Fechner und der US-Pädagoge E. L. Thorndyke haben unabhängig voneinander um die Wende vom neunzehnten zum zwanzigsten Jahrhundert empirische Untersuchungen dazu angestellt, welche Seitenverhältnisse bei Rechtecken als ästhetisch besonders angenehm empfunden werden. Gegeben sei also ein Rechteck mit der kürzeren Seite K und der längeren Seite L (vgl. Abb. 3.2).

Solchen Rechtecken, bei denen das Verhältnis von K zu L mit dem von $K + L$ zu K übereinstimmen, wurde der Vorzug gegeben. Es muss also gelten

$$\frac{K}{L} = \frac{L}{K + L},$$

hieraus erhält man durch Ausmultiplizieren und Subtraktion $K^2 + K \cdot L - L^2 = 0$. Also

$$L_{1,2} = K \cdot \frac{1 \pm \sqrt{5}}{2}$$

Es ist nur die positive Lösung von Interesse; setzen wir zur Normierung $K = 1$, so erhalten wir hieraus

$$L = \phi.$$

Das ergibt das Goldene Rechteck, also ein Rechteck, dessen Seitenverhältnis gerade durch ϕ gegeben ist. ∎

Abb. 3.2 Goldenes Rechteck

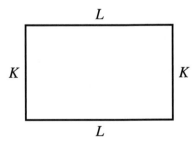

3.2 Die Bienen des Fibonacci

Zur Illustration befassen wir uns mit der Frage, auf wie vielen Pfaden eine Biene von einer Wabe in eine andere gelangen kann, vgl. [5, 5.3.3]. Die Waben sind in einem Band angelegt, eine Biene kann nur nach rechts laufen und nur in eine benachbarte Zelle gehen.

Der Parcours der Biene sieht also aus wie folgt; wir nehmen an, sie 🐭 sitzt in der ersten Zelle oben links.

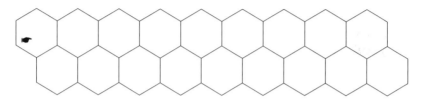

Wenn wir nur eine Zelle A haben, in die die Biene gehen kann, so ist sicher nur ein Pfad möglich:

Bei zwei Zellen A und B ergeben sich zwei Möglichkeiten:

Bei drei Zellen A, B und C ergeben sich diese drei Möglichkeiten:

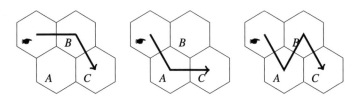

Nehmen wir eine vierte Zelle D hinzu, so haben wir schon fünf Möglichkeiten:

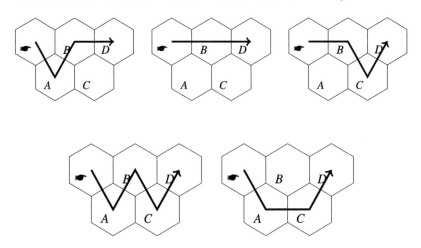

Es sei b_n die Anzahl der Pfade, die die Biene von der Ausgangswabe gehen kann. Aus dem Beispiel sehen wir:

$$
\begin{array}{c|cccc}
n & 1 & 2 & 3 & 4 \\
1 & 1 & 2 & 3 & 5
\end{array}
$$

Versuchen wir uns an der allgemeinen Situation. Aus der Skizze sehen wir, dass für ungerades n (in unserem Beispiel also für die Fälle A und A, C) eine neue Wabe in der oberen Reihe, für gerades n (Fälle A, B und A, B, C, D) jedoch eine neue Wabe in der unteren Reihe angefügt wird. Auf jeden Fall hat die neue Wabe N zwei unmittelbare Nachbarn, nämlich die Wabe V, die im unmittelbar vorhergehenden

Schritt $n - 1$, und die Wabe W, die im Schritt davor, nämlich im Schritt $n - 2$, hinzugefügt wurde. Damit unsere Biene also zu der neuen Wabe N gelangen kann, muss sie entweder durch V oder durch W gehen. Das bedeutet aber, dass die Anzahl b_n der Pfade, die wir suchen, gerade die Summe der Pfade ist, mit denen man zu V gelangt (das ist b_{n-1}), und der Pfade, mit denen man zu W gelangt (das ist b_{n-2}). Also gilt

$$b_n = b_{n-1} + b_{n-2}$$

für $n \geq 2$ mit der Anfangsbedingung $b_1 = 1$, so dass sich insgesamt

$$b_n = F_{n+1}$$

ergibt.

3.3 Die Fibonacci-Darstellung

Die Fibonacci-Zahlen bilden die Grundlage für ein Darstellungssystem für natürliche Zahlen [10, Aufgabe 1.2.8.34]. Das geht so: Wir können für jede gegebene natürliche Zahl n Fibonacci-Zahlen $F_{k_1}, \ldots, F_{k_r}$ finden, so dass n geschrieben werden kann als Summe

$$n = F_{k_1} + F_{k_2} + \cdots + F_{k_r}, \tag{3.4}$$

wobei $k_1 \sqsupseteq k_2 \sqsupseteq \cdots \sqsupseteq k_r \sqsupseteq 0$ gilt. Diese Darstellung ist eindeutig bestimmt. Hierbei soll $\ell \sqsupseteq t$ bedeuten, dass $\ell \geq t + 2$ ist. Diese Bedingung ist intuitiv einleuchtend, denn wenn wir z. B. $k_1 = k_2 + 1$ erlauben würden, so hätten wir wegen $F_{k_1} + F_{k_2} = F_{k_2+1} + F_{k_2} = F_{k_2+2}$ eine weitere Darstellung, so dass (3.4) nicht mehr eindeutig wäre. Diese Bedingung sorgt also dafür, dass sich die Zahlen nicht gegenseitig in die Quere kommen. Beachten Sie, dass wir $k_r \sqsupseteq 0$ fordern, also $k_r \geq 2$; sonst wäre wegen $F_1 = 1 = F_2$ die Darstellung möglicherweise doch nicht eindeutig.

Bevor wir uns an den Beweis von (3.4) machen, versuchen wir unser Glück an einem Beispiel. Es ist intuitiv einsichtig, dass in der Darstellung (3.4) oben die größte dort vorkommende Fibonacci-Zahl F_{k_1} auch die größte Fibonacci-Zahl sein sollte, die n nicht übersteigt. Das beweisen wir weiter unten, jetzt nehmen wir es einfach als gegeben an.

Es ist vielleicht ganz gut, einige Fibonacci-Zahlen bei der Hand zu haben, wenn wir ein Beispiel rechnen.

Wir wählen $n = 512$. Wir bestimmen jeweils die größte Fibonacci-Zahl, die kleiner oder gleich der gesuchten Zahl ist, dann rechnen wir mit der Differenz

n	0	1	2	3	4	5	6	7	8	9	10	11	12	13	14	15
F_n	0	1	1	2	3	5	8	13	21	34	55	89	144	233	377	610

weiter, bis wir 1 erreichen. Das geht so:

$$
\begin{aligned}
n &= 512 = 377 + n_1 \quad (F_{14}) \\
n_1 &= 135 = \ \ 89 + n_2 \quad (F_{11}) \\
n_2 &= \ \ 46 = \ \ 34 + n_3 \quad (F_9) \\
n_3 &= \ \ 12 = \ \ \ \ 8 + n_4 \quad (F_6) \\
n_4 &= \ \ \ \ 4 = \ \ \ \ 3 + n_5 \quad (F_4) \\
n_5 &= \ \ \ \ 1 = \ \ \ \ \ \ \ \ 1 \quad (F_2)
\end{aligned}
$$

Also haben wir die Repräsentation

$$512 = F_{14} + F_{11} + F_9 + F_6 + F_4 + F_2 \qquad (3.5)$$

gefunden.

Ein Exkurs zur vollständigen Induktion

Aber wie beweist man das für den allgemeinen Fall? Eine hilfreiche und ganz zentrale *Beweisstrategie* geht in zwei Schritten vor:

- ✌ wir zeigen, dass die Aussage für $n = 1$ gilt,
- ☚ wir zeigen, dass die Aussage für eine beliebige Zahl n gilt, sofern sie für alle $m < n$ gilt.

Wenn wir das zeigen können, so gilt unsere Aussage bekanntlich für jede natürliche Zahl.

Wieso ist das so? Na ja, nehmen wir an, dass es eine natürliche Zahl gibt, für die unsere Aussage **nicht** gilt. Dann gibt es auch eine *kleinste* Zahl ℓ, für die sie nicht gilt: In einem Haufen natürlicher Zahlen findet man immer eine kleinste, wenn der Haufen nicht leer ist. Sehen wir uns ℓ an. Der Fall $\ell = 1$ ist wegen der Überlegung 🐝 unmöglich, also muss $\ell > 1$ sein. Wenn das aber so ist, dann (jetzt stellen wir die Falle auf) kann man ℓ schreiben als $\ell = m + 1$ mit $m \geq 1$. Nun ist $m < \ell$, und weil ℓ die kleinste Zahl ist, für die die Eigenschaft nicht gilt, muss die Eigenschaft für $1, \ldots, m$ gelten. Dann aber (jetzt klappt die Falle zu) muss die Eigenschaft auch für ℓ gelten: Denn wir haben ja gerade unter Punkt 🐜 bewiesen, dass die Eigenschaft für eine Zahl gilt, falls sie für alle kleineren Zahlen gilt. Auf diese Weise haben wir einen Widerspruch gefunden. Also kann es ℓ nicht geben, es kann also keine Zahl geben, für die unsere Eigenschaft nicht gilt.

Die Eigenschaft gilt für alle natürlichen Zahlen. Dieses Beweisprinzip heißt nicht umsonst *Beweis durch vollständige Induktion*, „Induktion", weil wir in 🐜 aus der Beobachtung aller Vorgänger einer Zahl auf ihr Verhalten schließen, „vollständig", weil wir keine Zahl auslassen, denn wir fangen schließlich bei 1 an. ∎

Mal sehen. Um das Werkzeug zu benutzen, sehen wir uns die Darstellung für n unter (3.4) und das Beispiel ein wenig genauer an. Es erscheint ziemlich plausibel, dass für F_{k_1}, also die größte der verwendeten Fibonacci-Zahlen, die größte Fibonacci-Zahl gewählt wird, die kleiner oder gleich n ist.

Behauptung (‡) Gilt $n = F_{k_1} + F_{k_2} + \cdots + F_{k_r}$ mit $k_1 \sqsupseteq k_2 \sqsupseteq \cdots \sqsupseteq k_r \sqsupseteq 0$, so ist F_{k_1} die größte Fibonacci-Zahl, die kleiner oder gleich n ist.

Wir beweisen das durch vollständige Induktion.

Schritt 🐝**:** Für $n = 1$ ist die Sache trivial, denn dann muss $F_{k_1} = 1$, also $k_1 = 2$ sein, und das ist ja wirklich die kleinste Fibonacci-Zahl F_r mit $r \sqsupseteq 0$, die kleiner oder gleich 1 ist. Damit ist der erste Schritt 🐝 getan, wir können uns auf den Beweis von 🐜 stürzen.

Schritt 🐜**:** Wir schreiben also $n = F_{k_1} + F_{k_2} + \cdots + F_{k_r}$ mit $k_1 \sqsupseteq k_2 \sqsupseteq \cdots \sqsupseteq k_r \sqsupseteq 0$ und nehmen an, dass die Behauptung für alle Zahlen m gilt, die kleiner als n sind. Wir wollen die Behauptung für n beweisen.

Wir wissen, dass $n - F_{k_1}$ kleiner als n ist, und wir können schreiben $n - F_{k_1} = F_{k_2} + \cdots + F_{k_r}$ mit $k_2 \sqsupseteq \cdots \sqsupseteq k_r \sqsupseteq 0$, also wissen wir, dass F_{k_2} die größte Fibonacci-Zahl ist, die kleiner oder gleich $n - F_{k_1}$ ist.

Woher wissen wir das? Klar, wir nehmen ja die Gültigkeit unserer Aussage für

alle Zahlen m mit $m < n$ an, also insbesondere auch für $n - F_{k_1}$.
Bene.
Wenn die Aussage für n falsch ist, so gibt es eine Fibonacci-Zahl F_ℓ mit $F_{k_1} < F_\ell \leq n$, also muss dann auch $k_1 < \ell$ gelten, das heißt $k_1 + 1 \leq \ell$. Daraus folgt aber $F_\ell \geq F_{k_1+1} = F_{k_1} + F_{k_1-1}$, also ist auch $F_{k_1} + F_{k_1-1} + F_{k_2} \leq n$, oder, was dasselbe ist, $F_{k_1-1} + F_{k_2} \leq n - F_{k_1}$. Weil $k_1 \sqsupseteq k_2$, also $k_1 \geq k_2 + 2$, insbesondere gilt dann $F_{k_1-1} \geq F_{k_2-1}$, so dass wir erhalten

$$F_{k_2-1} + F_{k_2} \leq F_{k_1-1} + F_{k_2} \leq n - F_{k_1}.$$

Jetzt gilt aber $F_{k_2+1} + F_{k_2} = F_{k_2+1}$, so dass wir

$$F_{k_2+1} \leq n - F_{k_1}.$$

folgern können. Also wurden wir an der Nase herumgeführt: F_{k_2} ist überhaupt nicht die größte Fibonacci-Zahl, die kleiner oder gleich $n - F_{k_1}$ ist! Das ist ein astreiner, wenn auch einigermaßen holprig herbeigeführter Widerspruch, also muss die Aussage (‡) für n gelten.

Insgesamt gilt die Aussage (‡) wegen unseres Induktionsprinzips, das wir oben diskutiert haben, dann für alle natürlichen Zahlen n.

Daraus lässt sich jetzt die Fibonacci-Darstellung für eine natürliche Zahl n bestimmen: Ist $n = 0$, so ist man fertig, sonst bestimme man die größte Fibonacci-Zahl F_k, für die $F_k \leq n$ ist, und berechne die Fibonacci-Darstellung für $n - F_k$.

Das Verfahren terminiert, denn irgendwann muss man bei 0 ankommen.

Haben wir denn jetzt alles bewiesen, was zu beweisen war? Ach nein, noch nicht so ganz. Wir müssen nämlich noch zeigen, dass diese merkwürdige Bedingung $k_1 \sqsupseteq k_2 \sqsupseteq \cdots \sqsupseteq k_r \sqsupseteq 0$ erfüllt ist. Dazu reicht es zu zeigen, dass für die größte Fibonacci-Zahl F_ℓ mit $F_\ell \leq n - F_k$ gilt $k \sqsupseteq \ell$, also $k \geq \ell + 2$. Das ist jetzt schnell erledigt: Es ist klar, dass $k \geq \ell + 1$, denn k ist ja als maximal gewählt. Wenn wir aber hätten $k = \ell + 1$, dann hätten wir ja $F_\ell \leq n - F_{\ell+1}$, also $F_{\ell+2} \leq n$, damit $F_{k+1} \leq n$. Das steht im Widerspruch zur Maximalität von k. Damit sind wir jetzt wirklich fertig.

Ein Python-Skript findet sich in Abb. 3.3. Wir speichern im Lexikon fib ausreichend viele Fibonacci-Zahlen, sagen wir, bis zu einem Index Hoch. Hier berechnen wir eine Fibonacci-Zahl, nicht, indem wir ihre beiden Vorgänger berechnen und dann addieren, sondern, indem wir die Vorgänger im Lexikon nachschlagen. Das ist effizienter. Die Darstellung für eine Zahl k wird dann rekursiv durch die Funktion darst so berechnet:

```
fib = {0:0, 1:1, 2:1}
for j in range(3, Hoch+1): fib[j] = fib[j-1]+fib[j-2]

def darst(k):
    if k == 0: return []
    else:
        maxInd = max([j for j in fib if fib[j]<= k])
        return [maxInd] + darst(k-fib[maxInd])
```

Abb. 3.3 Python-Skript zur Bestimmung der Fibonacci-Darstellung eines Zahl

- Falls das Argument 0 ist, geben wir die leere Liste [] zurück,
- sonst berechnen wir den Index maxInd der größten Fibonacci-Zahl, die unterhalb von k liegt, packen ihn in die Liste [maxInd] und berechnen die Liste die Indizes für k - fib[maxInd]; die Listen werden dann zur Berechnung des Resultats zusammengefügt.

Die eigentliche Darstellung für die Zahl n ist dann [fib[j] for j in darst(n)]. Für unser Ausgangsbeispiel 512 berechnen wir die Indizes der Darstellung als 14, 11, 9, 6, 4, 2, woraus sich die Darstellung in Gl. (3.5) ergibt.

Mehr Beispiele gefällig?

4

Um unterschiedliche Aspekte erzeugender Funktionen zu beleuchten, sehen wir uns einige Beispiele an. Da geht es zunächst um die Analyse eines sehr einfachen Algorithmus, bei der wir Permutationen zählen, dann um die Catalan-Zahlen, deren vielfältiges Auftreten in der Kombinatorik überrascht, und schließlich um Partitionen natürlicher Zahlen, die als Geldwechsel-Problem daherkommen. Aus dem kombinatorischen Problem bestimmen wir die erzeugenden Funktionen, die uns helfen, die entsprechenden Objekte zu zählen. Die Catalan-Zahlen helfen uns mit Hilfe von Bijektionen dabei, die Anzahl einer Klasse von Objekten auf die bekannte Anzahl einer anderen Klasse zu reduzieren.

4.1 Ein einfacher Algorithmus

Abb. 4.1 zeigt ein einfaches `Python`-Skript zur Berechnung des Maximums einer Liste. Wir fragen, wie oft das Maximum neu gesetzt wird. Dazu benötigen wir einen Rahmen, innerhalb dessen wir die Frage nach der Häufigkeit beantworten. Hier bieten sich solche Listen an, deren Elemente paarweise verschieden sind. Da es hierbei nur auf die Größenverhältnisse zwischen den Elementen ankommt, nehmen wir an, dass wir eine Permutation der Zahlen $\{1, \ldots, n\}$ als Eingabe haben. Wir bezeichnen diese Menge mit

$$PERM := \{\pi \mid \pi \text{ ist eine Permutation von } 1, \ldots, n\}.$$

Wenn wir also eine Liste hernehmen, die einem Element von Mathematiksatz entspricht, so fragen wir nach der Häufigkeit, mit der im o. a. Programmfragment der Wert von `max` geändert wird. Diese Frage kann natürlich für jede vorgegebene Permutation durch Inspektion beantwortet werden, wir interessieren uns also konkreter

E.-E. Doberkat, *Erzeugende Funktionen verständlich erklärt,* essentials, https://doi.org/10.1007/978-3-662-65163-6_4

```
def FindeMax(x):
    max = x[0]
    for j in range(1, len(x)): if x[j] > max: max = x[j]
    return max
```

Abb. 4.1 Python-Skript zur Bestimmung des Maximums einer Liste

für die Anzahl $p_{n,k}$ aller Permutationen von n Elementen, bei denen der Wert von
`max` genau k mal justiert wird.

Sehen wir uns die Situation an und bestimmen die Mengen

$$P_{n,k} := \{\pi \in PERM \mid \pi \text{ hat genau } k \text{ Wechsel}\},$$

so können wir schreiben

$$P_{n,k} = \bigcup_{j=1}^{n} \{\pi \in P_{n,k} \mid \pi(n) = j\},$$

wir zerlegen die Menge $P_{n,k}$ also in disjunkte Teilmengen abhängig vom Wert der
letzten Komponente. Jetzt machen wir eine Fallunterscheidung:

- Ist $\pi(n) = n$, so liegt $\langle \pi(1), \ldots, \pi(n-1) \rangle$ in $P_{n,k-1}$, weil der k-te Wechsel zum
  Schluß erfolgt.
- Ist hingegen $\pi(n) = j < n$, so hat $\langle \pi(1), \ldots, \pi(n-1) \rangle$ bereits genau k Wechsel,
  entspricht also einem Element auf $P_{n-1,k}$. Für $j < n$ sind die Mengen $\{\pi \in PERM \mid \pi(n) = j\}$ alle gleich groß.

Daraus ergibt sich die Rekursionsgleichung

$$p_{n,k} = (n-1)p_{n-1,k} + p_{n-1,k-1}. \tag{4.1}$$

Ist nun g_n die erzeugende Funktion für $\langle p_{n,k} \rangle_{0 \leq k \leq n}$, so übersetzt sich Gl. (4.1)
unmittelbar in die Funktionalgleichung

$$g_n(x) = (n-1)g_{n-1}(x) + xg_{n-1}(x) = (x + n - 1)g_{n-1}(x). \tag{4.2}$$

Wegen $g_1(x) = 1$ erhalten wir

$$g_n(x) = (x + n - 1) \cdot (x + n - 2) \cdot \ldots \cdot (x + 1) = \prod_{j=2}^{n} (x + j - 1) \qquad (4.3)$$

Man sieht

$$g_n(1) = \sum_{k=0}^{n} p_{n,k} = \prod_{j=2}^{n} (x + j - 1)\Big|_{x=1} = n \cdot (n - 1) \cdot \ldots \cdot 2 = n!$$

Wenn wir die durchschnittliche Laufzeit des Algorithmus in Abb. 4.1 kennenlernen wollen, so sollten wir statt der Anzahl $p_{n,k}$ die Wahrscheinlichkeit $q_{n,k} := p_{n,k}/n!$ betrachten. Dies setzt voraus, dass wir jede Permutation als gleich wahrscheinlich annehmen (genauer gesagt: dass wir annehmen, dass jede Permutation mit derselben Wahrscheinlichkeit als Eingabe in den Algorithmus vorkommt). Auf die erzeugende Funktion übertragen bedeutet dies, dass wir mit der Funktion $h_n(x) := g_n(x)/n!$ arbeiten. Die erzeugende Funktion für die Wahrscheinlichkeit, genau k-mal das Maximum im Algorithmus in Abb. 4.1 zu justieren, sieht also so aus:

$$\langle q_{n,k} \rangle_{0 \le k \le n} \rightsquigarrow \prod_{k=2}^{n} \frac{x + k - 1}{k} = h_n(x). \qquad (4.4)$$

Aus (2.23) erhalten wir für den Erwartungswert $\mathbb{E}_n$ und die Varianz $\mathbb{V}_n$ wegen $h'_1(1) = 0$ für die Laufzeit des Algorithmus bei Eingaben der Länge n

$$\mathbb{E}_n = H_n - 1 \text{ und } \mathbb{V}_n = H_n - \sum_{k=1}^{n} \frac{1}{k^2}, \qquad (4.5)$$

hierbei ist H_n die n-te harmonische Zahl (2.17), die wir bei der Integration erzeugender Funktionen kennengelernt haben. Diese eleganten Ausdrücke sagen aber auf den ersten Blick nichts über die Größenordnung aus. Eine grobe Abschätzung für H_n läßt sich durch $\int_0^n dx/x = \ln n$ geben, so dass wir die durchschnittliche Laufzeit bei Eingaben der Länge n durch $\ln n$ abschätzen können, das sehen wir weiter unten.

4.2 Catalansche Zahlen

Der italienische Autor L. Malerba erzählt in seinem Roman „Das griechische Feuer" [12] vom Unmut des byzantinischen Kaisers Konstantin VII. Porhyrogennetos über die schlechte Akustik in seinem Empfangssaal. Nachdem sein Hofarchitekt

des Problems trotz umständlicher Konstruktionen nicht Herr werden konnte, beauf-
tragte er zwei persische Mathematiker mit der Lösung. Sie schlossen sich ein und
arbeiteten längere Zeit unbeobachtet; als sie mit ihrer Arbeit fertig waren, bewun-
derte der Kaiser die Akustik und vermutete mit seinen Ratgebern, dass Magie im
Spiele sei. Die beiden Perser jedoch „…machten den Kaiser auf die hauchdünnen
Seidenfäden aufmerksam, die wie ein unsichtbares Spinnennetz zwischen den einzelnen Säulen …gespannt waren" (S. 9). Wir verlassen diese Szene und die sich
anschließende, vergnügliche Diskussion zwischen Mathematikern und Theologen
(„Gibt es auch eine himmlische Geometrie, die sich von der euklidischen unterschei-
det?", S. 15) und fangen an zu zählen: Die Decke des Saals kann als kreisförmig
angenommen werden, wir haben $2n$ Haltpunkte für Seidenfäden, wieviele Seidenfäden können die persischen Mathematiker an der Decke spannen, wenn sich die
Fäden nicht kreuzen dürfen?

Ganz ähnlich: Wir setzen $2n$ Personen an einen Tisch und bitten jede von ihnen,
mit einem Partner am Tisch die Hand zu schütteln, aber so, dass sich keine Kreu-
zungen ergeben. Gefragt ist nach der Anzahl c_n aller dieser Verbindungen. Abb. 4.2
zeigt alle Möglichkeiten für $n = 3$.

Bei zwei Personen gibt es offensichtlich nur eine Möglichkeit, also $c_1 = 1$. Ist
$n > 1$, so teilen wir unsere Gruppe in eine Gruppe mit $2k$ und eine andere mit $2(n-k)$
Mitgliedern. Zwischen den einzelnen Gruppen kann es keine Verbindung geben,
sonst würde eine Kreuzung zustande kommen. Also trägt diese Gruppe $c_k \cdot c_{n-k}$
zur Gesamtanzahl bei, für k gilt $1 \leq k \leq n - 1$, so dass wir als Rekursionsformel
erhalten

$$c_n = \begin{cases} 1, & n = 0, 1 \\ \sum\limits_{k=0}^{n-1} c_k \cdot c_{n-1-k}, & n > 1. \end{cases} \tag{4.6}$$

Für die erzeugende Funktion $C(x) := \sum_{n=0}^{\infty} c_n z^n$ erhalten wir nach kurzer Rechnung mit der Multiplikationsregel (2.6) die Funktionalgleichung

$$C(x) = x \cdot C(x)^2 + 1,$$

Abb. 4.2 Drei Paare schütteln sich kreuzungsfrei die Hand

woraus sich die Lösungen

$$C_{1,2}(x) = \frac{1 \pm \sqrt{1 - 4x}}{2x}$$

ergeben. Was nun? Wir sehen aus der Grenzwertbetrachtung mit der Regel von L'Hospital, dass wir das positive Vorzeichen für die Wurzel nicht wählen dürfen, denn es gilt

$$\lim_{x \to 0} \frac{1 + \sqrt{1 - 4x}}{2x} = \infty, \quad \lim_{x \to 0} \frac{1 - \sqrt{1 - 4x}}{2x} = 1,$$

Also erhalten wir

$$\langle c_n \rangle_{n \in \mathbb{N}} \rightsquigarrow C(x) = \frac{1 - \sqrt{1 - 4x}}{2x} \tag{4.7}$$

als Repräsentation für die erzeugende Funktion. Daraus erhalten wir mit den Gl. (2.3) und der Integrationsregel (2.15) aus der Darstellung (1.17):

$$\frac{1 - \sqrt{1 - 4x}}{2x} = \sum_{n=1}^{\infty} \frac{1}{n} \binom{-1/2}{n-1} (-4)^{n-1} = \sum_{n=0}^{\infty} \binom{-1/2}{n} \frac{(-4x)^n}{n+1} = \sum_{n=0}^{\infty} \binom{2n}{n} \frac{x^n}{n+1},$$

also

$$c_n = \frac{1}{n+1} \binom{2n}{n}.$$

Diese Zahlen heißen *Catalansche Zahlen,* sie wachsen ziemlich rapide, auch im Vergleich mit den Fibonacci-Zahlen, wie die folgende Tabelle zeigt:

n	c_n	f_n
1	1	1
5	42	5
9	4862	34
13	742900	233
17	129644790	1597
21	24466267020	10946
25	4861946401452	75025
29	1002242216651368	514229
33	212336130412243110	3524578
37	45950804324621742364	24157817

```
def catalan(n):
    cat = {0: 1, 1:1}
    for j in range(2, n+1):
        s = 0; for t in range(j): s = s + cat[t]*cat[j-1-t]
        cat[j] = s
    return cat[n]
```

Abb. 4.3 Python-Skript zur Berechnung der Catalan-Zahlen

Abb. 4.3 enthält den Python-Code zur Berechnung von c_n. Aus Gründen der Effizienz berechnen wir die Zahlen wiederum nicht rekursiv, sondern speichern sie in einem iterativ berechneten Lexikon cat, dessen Eintrag zurückgegeben wird.

Die Catalanschen Zahlen sind unter Kombinatorikern ziemlich beliebt, vielleicht weil sie in vielen unterschiedlichen, oft unvermuteten Anwendungen auftauchen. Stanley [17, p. 256] spricht gar ironisch von einer *Catalan-Manie.* Zum Beweis gibt er 66 Zählprobleme an, die mit diesen Zahlen gezählt werden können [17, Problem 6.19, p. 219 – 239]. Wir wollen einige davon betrachten, andere nur nennen und verweisen insbesondere auf [14].

Rangier-Permutationen: Wir rangieren Bahn-Waggons mit einem Hilfsgleis $\mathbb{H}$ (siehe Abb. 4.4). Nehmen wir an, wir haben die Wagen 1234, die umrangiert werden sollen.

$$1 \Rightarrow \mathbb{H} \bullet 2 \Rightarrow \mathbb{H} \bullet 2 \Leftarrow \mathbb{H} \bullet 3 \Rightarrow \mathbb{H} \bullet 4 \Rightarrow \mathbb{H} \bullet 4 \Leftarrow \mathbb{H} \bullet 3 \Leftarrow \mathbb{H} \bullet 1 \Leftarrow \mathbb{H}$$

Am Ende stehen die Wagen in der Reihenfolge 2431.
Eine Permutation von $\{1, \ldots, n\}$ heißt *Rangier-Permutation,* falls sie durch Operationen wie diese aus der Identität erzeugt werden kann (hierbei ersetze man *Hilfsgleis* durch *Stapel,* also einen *last-in-first-out*-Speicher, „wer zuletzt kommt mahlt zuerst"). Wir fragen nach der Anzahl der Rangier-Permutationen für ein gegebenes n und folgen dabei [10, Aufgabe 2.2.1.4, p. 239, p. 531], dem auch die obige Rangierfahrt entnommen ist.
Es werden zwei Operationen S und X definiert, S bedeutet, dass die gerade behandelte Zahl im Speicher abgelegt wird, X, dass sie aus dem Speicher entfernt wird (die gerade durchgeführten Rangierfahrten wären dann $SSXSSXX$). Eine Folge von S und X wird *zulässig* genannt, wenn sie einer möglichen Folge von Operationen entspricht (also wäre etwa $SXXXS$ nicht zulässig). Jeder Rangier-Permutation entspricht genau eine zulässige Folge bestehend aus genau n Vor-

kommen von S und n Vorkommen von X. Insgesamt gibt es offenbar $\binom{2n}{n}$ Folgen, die n-mal X und n-mal S enthalten. Wir müssen davon jetzt die Anzahl der unzulässigen Folgen abziehen. Eine Folge ist genau denn zulässig, wenn wir beim Lesen von links nach rechts stets nie mehr X als S antreffen, die Anzahl der gelesenen X muß also zu jedem Zeitpunkt kleiner oder gleich der Anzahl der gelesenen S sein. Also enthält eine *unzulässige* Folge zu einem ersten Zeitpunkt mehr X als S. Wir fixieren diesen Zeitpunkt und kehren in diesem Anfangsstück X und S um. Aus $SSXSXXXSSS$ wird $\underline{XXSXSSSXXSSS}$. Das ist eine Folge, die $n + 1$-mal den Buchstaben S und $n - 1$-mal den Buchstaben X enthält. Umgekehrt entspricht jede solcher Folgen (S: $(n + 1)$-mal, X: $(n - 1)$-mal) einer unzulässigen Folge. Man suche die Position, an der die Anzahl der S die der X überschreitet, und vertausche X und S. Also gibt es $\binom{2n}{n-1}$ unzulässige Folgen.

Insgesamt gibt es

$$\binom{2n}{n} - \binom{2n}{n-1} = \frac{1}{n+1}\binom{2n}{n} = c_n$$

zulässige Folgen, also zählt c_n die Anzahl der Rangier-Permutationen.

Dyck-Sprache: Die *Dyck-Sprache* wird über dem Alphabet $\{(,)\}$, das nur aus einer öffnenden und einer schließenden Klammer besteht, gebildet. Sie ist die Menge aller Wörter über diesem Alphabet, so dass jeder öffnenden eine schließende Klammer entspricht und keine überflüssigen Klammern () enthält oder Überlappungen, also schließende Klammern, wenn der Ausdruck noch nicht abgeschlossen ist (wie ([)]). Es gibt c_n Wörter in der Dyck-Sprache, die genau n öffnende (und damit genau n schließende) Klammern enthält.

Abb. 4.4 Rangieren, nach $1 \Rightarrow \mathbb{H} \bullet 2 \Rightarrow \mathbb{H}$ $\bullet 2 \Leftarrow \mathbb{H} \bullet 3 \Rightarrow \mathbb{H}$

Abb. 4.5 Triangulationen eines Fünfecks

Ersetzt man nämlich in einem Dyck-Wort eine öffnende Klammer durch ein S und eine schließende Klammer durch ein X, so erhält man eine zulässige Folge im Sinne der Rangier-Permutationen, umgekehrt entspricht jede zulässige Folge einem und nur einem Dyck-Wort. Also werden die Dyck-Wörter von den Catalan-Zahlen gezählt.

Triangulationen: Gegeben ist ein konvexes Polygon mit $(n + 2)$ Ecken. Auf wieviele Arten A_n kann das Polygon durch $n - 1$ Diagonale durchschnitten werden, ohne dass sich die Diagonalen überschneiden (vgl. Abb. 4.5 für $n = 3$)? Das Problem wurde von Leonard Euler im Jahre 1751 gestellt und gelöst.

Man sieht unmittelbar, dass $A_1 = 1$, $A_2 = 2$, $A_3 = 5$ ist. Durch Zusammenfügen eines konvexen Polygons mit $k + 2$ und eines mit $\ell + 2$ Ecken erhält man ein Polygon mit $k + \ell + 2$ Ecken (man benötigt zwei Verheftungspunkte). Daraus erhält man für $n > 1$, dass

$$A_n = \sum_{k=1}^{n-1} A_k A_{n-k}$$

gilt, also gilt $A_n = c_n$, und mit den Catalan-Zahlen zählt man die Anzahl dieser Diagonalen. In [14, Kap. 3] wird die von Euler gefundene Formel

$$A_n = \prod_{j=1}^{n} \frac{4j - 6}{j + 1}$$

abgeleitet, die damit eine Produkt-Darstellung der Catalan-Zahlen angibt.

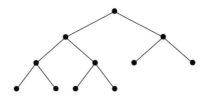

Binäre Bäume: Binäre Bäume sind rekursiv definiert. Ein *binärer Baum* besteht entweder nur aus einer Wurzel oder einer Wurzel und einem linken und einem rechten Unterbaum, die selbst wieder binäre Bäume sind.

Ein *Blatt* ist ein Knoten ohne Kinder. Indem man die Zugehörigkeit der Blätter zum linken oder zum rechten Unterbaum der Wurzel markiert, wird aus der Gl. (4.6) klar, dass c_n die binären Bäume mit $n + 1$ Blättern zählt.

Klammerungen: Gegeben ist ein Wort aus $n + 1$ Buchstaben über einem Alphabet. Auf wieviele Arten kann das Wort mit öffnenden und schließenden paarigen Klammern versehen werden? Dabei sollen keine überflüssigen Klammern vorkommen, und Klammerpaare sollen sich nicht überlappen (also sollte etwa eine Klammerung wie r(st[uvw)x]y nicht vorkommen).

Zum Beispiel hat man für $n = 3$ diese fünf Möglichkeiten:

$$(_1rs)_1(_2tu)_2 \quad (_1(_2rs)_2t)_1u \quad (_1r(_2st)_2)_1u \quad r(_1(_2st)_2u)_1 \quad r(_1s(_2tu)_2)_1$$

(Die Klammern sind nur zur Orientierung numeriert). Die Vorgehensweise wird in Abb. 4.6 illustriert. Durch eine Triangulation eines konvexen Polygons über $n + 2$ Punkten erzeugen wir eine Klammerung eines Worts mit $n + 1$ Buchstaben. Zunächst wird eine Basis-Seite ausgezeichnet. Wir markieren die Kanten des Polygons mit den Buchstaben von der linken Seite der Basis ausgehend im Uhrzeigersinn, die Basis bleibt unmarkiert. Wir kollabieren Dreiecke, indem wir Punkte des Polygons entfernen und die im Inneren liegenden Verbindungsgeraden mit dem geklammerten Produkt der bereits bearbeiteten Geraden versehen; die Abb. [6, p. ii] zeigt die Vorgehensweise. Läßt sich nichts mehr entfernen, so kann das geklammerte Wort auf der Basis-Seite abgelesen werden. Dieses Vorgehen kann offensichtlich invertiert werden, so dass man aus einem geklammerten Wort eine Triangulation erzeugen kann.

Insgesamt gibt es also c_n solcher Klammerungen.

Wie zeigen im nächsten Abschnitt am Beispiel des Geldwechselns, wie man erzeugende Funktionen aus einem System rekursiver Gleichungen gewinnen kann. Das ist etwas allgemeiner als die Vorgehensweise bei den Fibonacci-Zahlen, da hier mehrere Folgen zu betrachten sind.

Abb. 4.6 Triangulationen
vs. Klammerungen

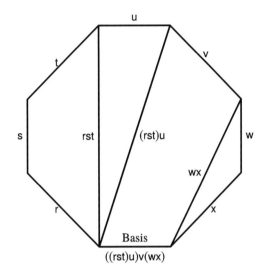

4.3   *Money makes the world go round* . . .

Wir haben einen Betrag von n Cent und wollen wissen, auf wie viele Arten wir diesen Betrag durch unsere gängigen Münzen kombinieren können. Von diesen Münzen haben wir soviel als nötig [13, Kap. 3].

Hätten wir nur 1-Cent-Münzen, so ist klar, dass wir das nur auf eine einzige Art tun können, nämlich indem wir den gesamten Betrag durch n Münzen darstellen. Bei Hinzunahme von 2-Cent-Münzen müssen wir ein wenig kombinieren: Wir können natürlich nach wie vor den gesamten Betrag in 1-Cent-Münzen bezahlen, oder, falls $n > 2$ ist, zahlen wir 2 Cent und haben dann den Restbetrag von $n - 2$ Cent zu begleichen. Analog argumentieren wir bei Hinzunahme von 5-Cent-Münzen. Wir können den Betrag durch 1- oder 2-Cent-Münzen bezahlen oder, falls $n > 5$ ist, legen wir eine 5-Cent-Münze hin und haben dann auszurechnen, wie viele Möglichkeiten wir für den Betrag $n - 5$ haben.

Das schreiben wir jetzt genauer auf. Es seien α_n^{+1} die Anzahl der Möglichkeiten, den Betrag von n Cent mit 1-Cent-Münzen zu bezahlen, α_n^{+2} die Anzahl der Möglichkeiten, dies mit 1- oder 2-Cent-Münzen zu tun. Analog definieren wir α_n^{+5}, α_n^{+10}, α_n^{+20} und schließlich α_n^{+50}, so dass α_n^{+50} die Anzahl der Möglichkeiten ist, den Betrag von n Cent mit 1-, 2-, 5-, 10-, 20- oder 50-Cent-Münzen zu begleichen.

Wir haben gerade gesehen, dass gilt

$$\alpha_n^{+1} = 1 \tag{4.8}$$

für $n \geq 0$. Wir nehmen hier den Betrag von 0 Cent hinzu, definieren also auch α_0^{+1}, weil es eben genau eine Möglichkeit gibt, einen Betrag von 0 Cent zu begleichen. Aus der Argumentation von oben sehen wir, dass für $n \geq 2$ gilt

$$\alpha_n^{+2} = \alpha_n^{+1} + \alpha_{n-2}^{+2} \tag{4.9}$$

mit $\alpha_1^{+2} = 0$ (das ist klar) und, wie oben, $\alpha_0^{+2} = 1$.

Mit derselben Argumentation können wir fortfahren:

$$\alpha_n^{+5} = \alpha_n^{+2} + \alpha_{n-5}^{+5}, \quad \text{falls } n \geq 5,$$
$$\alpha_n^{+10} = \alpha_n^{+5} + \alpha_{n-10}^{+10}, \quad \text{falls } n \geq 10,$$
$$\alpha_n^{+20} = \alpha_n^{+10} + \alpha_{n-20}^{+20}, \quad \text{falls } n \geq 20,$$
$$\alpha_n^{+50} = \alpha_n^{+20} + \alpha_{n-50}^{+50}, \quad \text{falls } n \geq 50,$$

und wir setzen die Werte auf Null, falls n negativ ist, so dass gilt

$$\alpha_0^{+1} = \alpha_0^{+2} = \alpha_0^{+5} = \alpha_0^{+10} = \alpha_0^{+20} = \alpha_0^{+50} = 1.$$

Daraus können wir jetzt die erzeugenden Funktionen berechnen. Es ist klar, dass

$$f_1(x) := \sum_{n=0}^{\infty} \alpha_n^{+1} x^n = \sum_{n=0}^{\infty} x^n = \frac{1}{1-x} \tag{4.10}$$

gilt. Das haben wir ja schon in Gl. (1.14), ausgerechnet. Versuchen wir uns an der nächsten Funktion. Es gilt

$$f_2(x) := \sum_{n=0}^{\infty} \alpha_n^{+2} x^n = \sum_{n=0}^{\infty} \alpha_n^{+1} x^n + \sum_{n=2}^{\infty} \alpha_{n-2}^{+2} x^n = f_1(x) + x^2 f_2(x),$$

denn es gilt offensichtlich

$$\sum_{n=2}^{\infty} \alpha_{n-2}^{+2} x^n = x^2 \sum_{n=0}^{\infty} \alpha_n^{+2} x^n.$$

Also erfüllt $f_2(x)$ die Funktionalgleichung

$$f_2(x) = f_1(x) + x^2 f_2(x).$$

Löst man das nach $f_2(x)$ auf und setzt den Wert aus Gl. (4.10) ein, so erhalten wir die verblüffend einfache Darstellung

$$f_2(x) = \frac{1}{(1-x)(1-x^2)}.$$

Mit haargenau derselben Argumentation können wir die anderen erzeugenden Funktionen ausrechnen. Es ergibt sich der Reihe nach:

$$f_5(x) = \frac{1}{(1-x)(1-x^2)(1-x^5)},$$

$$f_{10}(x) = \frac{1}{(1-x)(1-x^2)(1-x^5)(1-x^{10})},$$

$$f_{20}(x) = \frac{1}{(1-x)(1-x^2)(1-x^5)(1-x^{10})(1-x^{20})},$$

$$f_{50}(x) = \frac{1}{(1-x)(1-x^2)(1-x^5)(1-x^{10})(1-x^{20})(1-x^{50})}.$$

Man kann für jedes $n \in \mathbb{N}$ die Werte von $\alpha_n^{+1}, \ldots, \alpha_n^{+50}$ aus den obigen Rekursionsgleichungen berechnen. Dann findet man zum Beispiel, dass man einen Betrag von 100 Cent auf 2156 Arten mit 1, 2, 5 oder 10 Cent-Stücken bezahlen kann (das erklärt vielleicht die Wartezeiten an der Kasse im Supermarkt oder beim Bäcker).

Sieht man vom monetären Bezug einmal ab, so handelt es sich um die Anzahl der Möglichkeiten, eine natürliche Zahl als Summe der Zahlen $\{1, 2, 5, 10, 20, 50\}$ zu schreiben. Die Vorgehensweise läßt sich direkt verallgemeinern: sind r natürliche Zahlen $1 = n_1 < n_2 < \cdots < n_r$ gegeben, so gibt

$$p(x) := \prod_{k=1}^{r} \frac{1}{1-x^{n_k}}$$

die erzeugende Funktion für die Anzahl der Partitionen einer natürlichen Zahl durch Elemente von $\{n_1, \ldots, n_r\}$.

Die Fragestellung läßt sich auf ziemlich viele Arten verfeinern, indem man Bedingungen an die Partition stellt. Das ist ein klassisches, von L. Euler wesentlich beeinflußtes Gebiet der Kombinatorik, siehe etwa [8, Abschn. 2.5].

Erzeugende Funktionen definieren Folgen 5

In diesem Abschnitt drehen wir den Spieß um: Bis jetzt haben wir aus einer Folge eine erzeugende Funktion destilliert. Wir versuchen jetzt, den umgekehrten Weg zu gehen, nämlich eine zur erzeugenden Funktion einer Folge zu ernennen, und daraus abzuleiten, welchen Eigenschaften die Folge wohl haben mag. Das geht so: Man sieht sich die erzeugende Funktion lange und gründlich an, bis sie zurückschaut, und versucht, daraus Schlüsse auf die Folge zu ziehen.

Bei diesem Vorgehen kann uns Gl. (2.12) helfen. Mit ihr kann das n-te Folgenglied a_n als $[x^0] f^{(n)}/n!$ berechnet werden. Wir sind diesen Weg bei der Betrachtung des (erweiterten) Binomialkoeffizienten auf S. 19 bereits gegangen. Dort haben wir gezeigt, dass aus $f' = f$ folgt $\langle C/n! \rangle_{n \in \mathbb{N}} \rightsquigarrow C \cdot \exp(x)$ mit $C := a_0$.

Das ist ein schmaler Pfad, den wir jetzt verbreitern wollen. Diese Vorgehensweise kann als eine Art von Muster dienen, obgleich natürlich verschiedene Funktionen verschiedene Methoden benötigen, um sie dazu zu veranlassen, ihre Geheimnisse preiszugeben.

5.1 Die Stirling-Zahlen

Zur Untersuchung der Stirling-Zahlen benötigen wir auf- und absteigende Produkte, die wir jetzt definieren. Wir setzen für $n \in \mathbb{N}$

$$x^{\overline{n}} := x \cdot (x + 1) \cdot \ldots \cdot (x + n - 1),$$
$$x^{\underline{n}} := x \cdot (x - 1) \cdot \ldots \cdot (x - n + 1).$$

$x^{\overline{n}}$ und $x^{\underline{n}}$ sind also Produkte mit jeweils n Faktoren, die bei x beginnen und um n Schritte auf- bzw. absteigen. Wir setzen $x^{\overline{0}} := x^{\underline{0}} := 1$, denn es handelt sich hier

© Der/die Autor(en), exklusiv lizenziert an Springer-Verlag GmbH, DE, ein Teil von Springer Nature 2022
E.-E. Doberkat, *Erzeugende Funktionen verständlich erklärt,* essentials, https://doi.org/10.1007/978-3-662-65163-6_5

jeweils um leere Produkte. $x^{\overline{n}}$ und $x^{\underline{n}}$ sind Polynome des Grades n in x, sie sind durch $(-x)^{\underline{n}} = (-1)^n \cdot x^{\overline{n}}$ miteinander verbunden, wir haben zum Beispiel

$$x^{\overline{8}} = x^8 + 28x^7 + 322x^6 + 1960x^5 + 6769x^4 + 13132x^3 + 13068x^2 + 5040x \tag{5.1}$$

$$x^{\underline{8}} = x^8 - 28x^7 + 322x^6 - 1960x^5 + 6769x^4 - 13132x^3 + 13068x^2 - 5040x. \tag{5.2}$$

Wir sehen uns zuerst $x^{\overline{n}}$ an und schreiben

$$x^{\overline{n}} = \sum_{k=0}^{\infty} \begin{bmatrix} n \\ k \end{bmatrix} \cdot x^k. \tag{5.3}$$

Die zum Binomialkoeffizienten $\binom{n}{k}$ analoge Notation $\begin{bmatrix} n \\ k \end{bmatrix}$ ist zunächst ein wenig überraschend; sie hat sich für diese *Stirling-Zahlen der ersten Art* eingebürgert. Die Notation deutet auf analoge Eigenschaften hin, auch darauf, dass diese Stirling-Zahlen kombinatorisch gut untersucht und wichtig sind.

Zunächst sieht man, dass $\begin{bmatrix} n \\ k \end{bmatrix} = 0$ für $k \geq n$ gilt, zudem ist $\begin{bmatrix} n \\ 0 \end{bmatrix} = 0$ für $n > 0$. Der Konvention für leere Produkte folgend gilt $x^{\overline{0}} = 1$, also $\begin{bmatrix} 0 \\ 0 \end{bmatrix} = 1$. Wir sehen auch

$$\begin{bmatrix} n \\ 1 \end{bmatrix} = (n-1)! \text{ für } n > 0. \tag{5.4}$$

Das ist trivial für $n = 1$, und folgt für $n > 1$ wegen $x^{\overline{n+1}} = x \cdot x^{\overline{n}} + n \cdot x^{\overline{n}}$ induktiv aus

$$[x^1]x^{\overline{n+1}} = [x^1] \cdot x \cdot x^{\overline{n}} + [x^1](n \cdot x^{\overline{n}}) = [x^0]x^{\overline{n}} + n \cdot [x^1] x^{\overline{n}}.$$

Zur Berechnung von $\begin{bmatrix} n \\ 2 \end{bmatrix}$ für $n \geq 0$ benötigen wir – merkwürdig, merkwürdig – die harmonischen Zahlen H_n, die wir in Gl. (2.17) definiert haben: Es gilt

$$\begin{bmatrix} n \\ 2 \end{bmatrix} = (n-1)! \cdot H_{n-1} \tag{5.5}$$

Wir beweisen das wieder durch vollständige Induktion nach n, wobei wegen $H_0 = 0$ der Induktionsbeginn für $n = 1$ trivial ist. Jetzt aber:

$$[x^2]\, x^{\overline{n+1}} = [x^1]\, x^{\overline{n}} + n \cdot [x^2]\, x^{\overline{n}}$$
$$= (n-1)! + n \cdot (n-1) \cdot H_{n-1} = (n-1)!(1 + n \cdot H_{n-1})$$
$$= n! + \frac{1 + n \cdot H_{n-1}}{n} = n! \cdot H_n.$$

Aus $x^{\overline{n+1}} = x \cdot x^{\overline{n}} + n \cdot x^{\overline{n}}$ erhalten wir für $n \geq 0$ unmittelbar die Rekursionsgleichung

$$\begin{bmatrix} n+1 \\ k \end{bmatrix} = \begin{bmatrix} n \\ k-1 \end{bmatrix} + n \cdot \begin{bmatrix} n \\ k \end{bmatrix}. \tag{5.6}$$

Die kombinatorische Interpretation der Stirling-Zahlen der ersten Art verschieben wir und präsentieren sie, nachdem wir ihre Stiefzwillinge, nämlich die Stirling-Zahlen der zweiten Art, diskutiert haben. Sie ergeben sich durch die Betrachtung der Polynome $x^{\underline{n}}$.

Wir könnten jetzt versuchen, die Koeffizienten des Polynoms $x^{\underline{n}}$ zu untersuchen. Das hat aber wohl eher geringen Nährwert, weil wir wissen, dass $(-x)^{\overline{n}} = (-1)^n x^{\underline{n}}$ gilt, ein Blick auf (5.1) bestätigt das. Wir machen es aber gerade umgekehrt und stülpen die Vorgehensweise wie einen Handschuh um: statt $x^{\underline{n}}$ nach Potenzen von x zu expandieren, expandieren wir die Potenzen von x nach $x^{\underline{n}}$, genauer: wir schreiben

$$x^n = \sum_{k=0}^{\infty} \left\{ \begin{matrix} n \\ k \end{matrix} \right\} \cdot x^{\underline{k}}. \tag{5.7}$$

Wir erhalten zum Beispiel:

$$x^6 = x^{\underline{6}} + 15 \cdot x^{\underline{5}} + 65 \cdot x^{\underline{4}} + 90 \cdot x^{\underline{3}} + 31 \cdot x^{\underline{2}} + x^{\underline{1}}$$

Unsere Aufgabe besteht also darin, die in (5.7) definierten Koeffizienten $\left\{ \begin{smallmatrix} n \\ k \end{smallmatrix} \right\}$ zu untersuchen. Sie werden *Stirling-Zahlen der zweiten Art* genannt.

Dieses Mal beginnen wir mit einer kombinatorischen Interpretation, leiten daraus eine Rekursionsformel her und berechnen damit die Funktion in (5.7).

Behauptung: $\left\{ \begin{smallmatrix} n \\ k \end{smallmatrix} \right\}$ ist die Anzahl der Möglichkeiten, eine Menge mit n Elementen in k nicht-leere Partitionen zu zerlegen.

Es gibt sieben Partitionen von $\{1, 2, 3, 4\}$ in zwei nicht-leere Teilmengen

$\{1\}, \{2, 3, 4\}$ • $\{1, 2\}, \{3, 4\}$ • $\{1, 2, 3\}, \{4\}$ • $\{1, 2, 4\}, \{3\}$ • $\{1, 3, 4\}, \{2\}$ •
$\{1, 3\}, \{2, 4\}$ • $\{1, 4\}, \{2, 3\},$

also $\left\{ {4 \atop 2} \right\} = 7$.

Zum Beweis definieren wir $s_{n,k}$ als die fragliche Anzahl. Mit der Rekursionsformel für die Folge $\langle s_{n,k} \rangle$ zeigen wir dann, dass $\langle s_{n,k} \rangle$ und $\langle \left\{ {n \atop n} \right\} \rangle$ dieselbe Funktionalgleichung erfüllen, also identisch sein müssen.

Beweis: Für $n = 0$ haben wir für $k = 0$ eine Möglichkeit, nämlich die leere Menge, also $s_{0,0} = 1$, für $k > 0$ ist $s_{0,k} = 0$. Für $n = 1$ haben wir eine Möglichkeit, eine Partition (der Größe 1) zu konstruieren, also $s_{1,1} = 1$. Wenn wir $s_{n+1,k}$ berechnen wollen, so sehen wir uns an, was wir mit dem $n + 1$-ten Element machen können. Wir können

- es in eine Menge für sich stecken, dann haben wir für den Rest $s_{n,k-1}$ Möglichkeiten,
- wir erweitern eine bereits vorhandene Teilmenge; hierfür haben wir bei fixierter Partition k Möglichkeiten (davon gibt es $s_{n,k}$ Stück, nach Annahme).

Insgesamt ergibt sich also $s_{n+1,k} = s_{n,k-1} + k \cdot s_{n,k}$. Nehmen wir an, dass wir $x^n = \sum_{k=0}^{\infty} s_{n,k} \, x^{\underline{k}}$ gezeigt haben. Wir wissen, dass wegen $x^{\underline{k+1}} = x^{\underline{k}} \cdot (x - k)$ gilt $x \cdot x^{\underline{k}} = x^{\underline{k+1}} + k \cdot x^{\underline{k}}$, also

$$
\begin{aligned}
x \cdot x^n &= \sum_{k=0}^{\infty} s_{n,k} \, x \cdot x^{\underline{k}} = \sum_{k=0}^{\infty} s_{n,k} \, x^{\underline{k+1}} + \sum_{k=0}^{\infty} s_{n,k} \, k \cdot x^{\underline{k}} \\
&= \sum_{k=1}^{\infty} s_{n,k-1} \, x^{\underline{k}} + \sum_{k=1}^{\infty} s_{n,k} \, k \cdot x^{\underline{k}} = \sum_{k=1}^{\infty} x^{\underline{k}} \cdot \left(k \cdot s_{n,k} + s_{n,k-1} \right) \\
&= \sum_{k=0}^{\infty} s_{n+1,k} \cdot x^{\underline{k}}
\end{aligned}
$$

(hierbei haben wir gelegentlich benutzt, dass $s_{n,0} = 0$ für $n \geq 1$ gilt, so dass wir die Summationsindizes geeignet verschieben konnten).

Na gut, wir haben jetzt zwei konkurrierende Darstellungen:

$$
x^n = \sum_{k=0}^{\infty} s_{n,k} \, x^{\underline{k}} = \sum_{k=0}^{\infty} \left\{ {n \atop k} \right\} x^{\underline{k}}
$$

für alle $n \in \mathbb{N}$. Weil die Polynome $\{ x^{\underline{k}} \mid k \in \mathbb{N} \}$ über $\mathbb{R}$ linear unabhängig sind, folgt daraus, alle Koeffizienten von $x^{\underline{k}}$ übereinstimmen müssen, also, dass stets $s_{n,k} = \left\{ {n \atop k} \right\}$ gilt. Wir haben auch die Rekursionsgleichung

$$
\left\{ {n + 1 \atop k} \right\} = \left\{ {n \atop k - 1} \right\} + k \cdot \left\{ {n \atop k} \right\} \tag{5.8}
$$

gefunden (mit den Randbedingungen $\left\{{0\atop k}\right\} = \delta_{0,k} := \left(1 \text{ if } k = 0 \text{ else } 0\right)$, dem Kronecker-Symbol, und $\left\{{1\atop 1}\right\} = 1$).

Zur kombinatorischen Interpretation: wir wissen, dass die Stirling-Zahlen der zweiten Art Partitionen zählen. Im Gegensatz dazu zählen die Stirling-Zahlen der ersten Art die Möglichkeiten, Zyklen zu konstruieren. Im Gegensatz zur Menge, sagen wir, $\{1, 2, 3\}$, die ungeordnet ist, ordnet der Zyklus $\lfloor 1, 2, 3\rceil$ die Zahlen in der gegebenen Reihenfolge an und verbindet das Element am Ende mit dem am Anfang, also $1 \to 2 \to 3 \to 1$. Daraus folgt, dass der Zyklus $\lfloor 1, 2, 3\rceil$ identisch ist mit dem Zyklus $\lfloor 2, 3, 1\rceil$, aber nicht mit dem Zyklus $\lfloor 1, 3, 2\rceil$ (während $\{1, 2, 3\} = \{1, 3, 2\}$). Offensichtlich sind Zyklen der Länge 1 oder 2 nicht so recht interessant, aus einer Menge mit drei Elemente können wir bereits zwei Zyklen erzeugen, wie wir gesehen haben. Das deutet darauf hin, dass es mindestens soviele Zyklen wie Partitionen gibt. Das sind die elf Zyklen der vier-elementigen Menge $\{1, 2, 3, 4\}$:

$$\lfloor 1\rceil, \lfloor 2, 3, 4\rceil \quad \bullet \quad \lfloor 1, 2, 3\rceil, \lfloor 4\rceil \quad \bullet \quad \lfloor 1, 2, 4\rceil, \lfloor 3\rceil \quad \bullet \quad \lfloor 1, 3, 4\rceil, \lfloor 2\rceil \quad \bullet$$
$$\lfloor 1\rceil, \lfloor 3, 2, 4\rceil \quad \bullet \quad \lfloor 2, 1, 3\rceil, \lfloor 4\rceil \quad \bullet \quad \lfloor 2, 1, 4\rceil, \lfloor 3\rceil \quad \bullet \quad \lfloor 3, 1, 4\rceil, \lfloor 2\rceil \quad \bullet$$
$$\lfloor 1, 3\rceil, \lfloor 2, 4\rceil \quad \bullet \quad \lfloor 1, 4\rceil, \lfloor 2, 3\rceil \quad \bullet \quad \lfloor 1, 2\rceil, \lfloor 3, 4\rceil.$$

Es gibt vielfältige Beziehungen zwischen den beiden Familien von Stirling-Zahlen und den Binomial-Koeffizienten, vgl. [9, Table 252][1]. Wir führen drei von ihnen ohne Beweis auf (hier ist $\delta_{a,b} = (1 \text{ if } a = b \text{ else } 0)$ wieder das Kronecker-Symbol):

$$\sum_{k=0}^{\infty} \begin{bmatrix} n \\ k \end{bmatrix} \cdot \left\{ {k \atop m} \right\} \cdot (-1)^{n-k} = \delta_{m,n} \quad \& \quad \sum_{k=0}^{\infty} \left\{ {n \atop k} \right\} \cdot \begin{bmatrix} k \\ m \end{bmatrix} \cdot (-1)^{n-k} = \delta_{m,n},$$
$$\begin{bmatrix} n+1 \\ \ell+1 \end{bmatrix} = \sum_{k=0}^{\infty} \binom{n}{k} \cdot \left\{ {k \atop \ell} \right\}.$$

In Abb. 5.1 sind Python-Skripte zur Berechnung der Stirling-Zahlen angegeben.

---

[1] Die Leserin mag sich fragen, wie man $\begin{bmatrix} n \\ k \end{bmatrix}$ und $\left\{ {n \atop k} \right\}$ ausspricht. In [9, 6.1] findet sich der Vorschlag „n cycle k" bzw. „n subset k"; im Deutschen scheint sich keine Sprechweise eingebürgert zu haben.

```
def Stirling_1(n, k):
    if n == 0: return (1 if k == 0 else 0)
    else:
        if k == 1: return 1
        else: return k*Stirling_1(n-1, k) + Stirling_1(n-1, k-1)

def Stirling_2(n, k):
    if n == 0: return (1 if k == 0 else 0)
    else:
        if k == 1: return 1
        else: return (n-1)*Stirling_2(n-1, k) + Stirling_2(n-1, k-1)
```

Abb. 5.1 Python-Skripte zur Berechnung der Stirling-Zahlen

5.2   Die Bernoulli-Zahlen

Es erweist sich als hilfreich, zu den erzeugenden Funktionen noch ihre Cousins, die exponentiell erzeugten Funktionen hinzuzunehmen.

Definition 2 Die *exponentiell erzeugende Funktion* f einer Folge $\langle a_n \rangle_{n \in \mathbb{N}}$ ist die erzeugende Funktion der Folge $\langle a_n/n! \rangle_{n \in \mathbb{N}}$. Wir schreiben $\langle a_n \rangle_{n \in \mathbb{N}} \leadsto^{\mathbf{e}} f$ oder einfach $\langle a_n \rangle \leadsto^{\mathbf{e}} f$.

Als Beispiel haben wir die Exponentialfunktion kennengelernt: $\langle 1 \rangle_{n \in \mathbb{N}} \leadsto^{\mathbf{e}} e^x = exp(x)$, vgl. Gl. (2.14). Die Bernoulli-Zahlen, um die es hier geht, sind ein anderes Beispiel.

Als Übung für den Umgang mit exponentiell erzeugenden Funktionen sehen wir uns das Analogon zur Multiplikationsregel für (einfache) erzeugenden Funktionen aus Abschn. 2.4 an, das wird sich als der Clou der Geschichte herausstellen. Es gilt nämlich

$$\left\langle \sum_{k=0}^{n} \binom{n}{k} a_k b_{n-k} \right\rangle \leadsto^{\mathbf{e}} f \cdot g, \text{ falls } \langle a_n \rangle \leadsto^{\mathbf{e}} f \text{ und } \langle b_n \rangle \leadsto^{\mathbf{e}} g. \qquad (5.9)$$

Der Beweis ist ziemlich einfach auf die Multiplikationsregel für erzeugende Funktionen zurückzuführen.

Die *Bernoulli-Zahlen* $\langle B_n \rangle_{n \in \mathbb{N}}$ werden durch ihre exponentiell erzeugende Funktion eingeführt:

$$\langle B_n \rangle \leadsto^{\mathbf{e}} \frac{x}{e^x - 1} =: b(x).$$

Man erhält $B_0 = 1$ aus der Regel von L'Hospital und

$$B_1 = [x^0]\left(\frac{x}{e^x - 1}\right)' = \lim_{x \to 0} \frac{-xe^x + e^x - 1}{(1 - e^x)^2} = -\frac{1}{2}.$$

So, und jetzt wird's lustig: addiert man $x/2$ zu $b(x)$, so findet man

$$b(x) + \frac{x}{2} = \frac{x}{2} \cdot \frac{x}{e^x - 1} = \frac{x}{2} \cdot \frac{e^{x/2} + e^{-x/2}}{e^{x/2} - e^{-x/2}},$$

also $b(-x) + (-x)/2 = -(b(x) + x/2)$; andererseits ist $b(x) + x/2 = \sum_{k=2}^{\infty} B_k/k! \, x^k$. Daraus erhält man, dass mit Ausnahme von B_1 alle ungeraden Bernoulli-Zahlen verschwinden, dass also $B_{2n+1} = 0$ für $n \geq 1$ gilt.

Aus der Multiplikationsregel (5.9) erhalten wir

$$b(x) \cdot e^x = \left(\sum_{n=0}^{\infty} \frac{B_n}{n!} x^k\right) \cdot \left(\sum_{n=0}^{\infty} \frac{1}{n!} x^n\right) = \sum_{n=0}^{\infty} \left(\sum_{k=0}^{n} \binom{n}{k} \cdot B_k\right) \frac{x^n}{n!},$$

andererseits gilt $b(x) \cdot e^x = b(x) + x$. Daraus erhalten wir durch Koeffizientenvergleich für $n \geq 2$:

$$B_n = [x^n]b(x) = [x^n](b(x) + x) = [x^n](b(x) \cdot e^x) = \sum_{k=0}^{n} \binom{n}{k} \cdot B_k.$$

Also gilt für alle $n \in \mathbb{N}$ mit Kroneckers Delta

$$\sum_{k=0}^{n} \binom{n+1}{k} \cdot B_k = \delta_{n,0}. \tag{5.10}$$

Die Folge fängt so an:

n	0	1	2	3	4	5	6	7	8	9	10	11	12	13	14
B_n	1	$-1/2$	$1/6$	0	$-1/30$	0	$1/42$	0	$-1/30$	0	$5/66$	0	$-691/2730$	0	$7/6$

In Abb. 5.2 findet sich der Python-Code für die Berechnung der Bernoulli-Zahlen mit der Darstellung in (5.10). Die Funktion `Rational` sorgt dafür, dass gekürzte Brüche und nicht eine Dezimaldarstellung ausgegeben werden. Dazu müssen die beteiligten ganzen Zahlen mit der Funktion `Integer` in ihre sympy-Darstellung

```
def bernoulli(n):
    if n == 0: return Integer(1)
    elif n == 1: return -Rational(Integer(1)/Integer(2))
    else:
        s = Integer(0)
        for j in range(n):
            s = Rational(s)+ Integer(binomial(n+1, j))*bernoulli(j)
        return -Rational(s/Integer(n+1))
```

Abb. 5.2 Python-Skript zur Berechnung der Bernoulli-Zahlen

konvertiert werden. Die Initialisierung aus Abb. 2.2 zur Nutzung des symbolischen Python-Pakets sympy ist nicht aufgeführt.

Die Bernoulli-Zahlen tauchen unvermutet an einigen Stellen auf, wo sie dann aber sehr hilfreich sind. Ich zeige Ihnen zwei Beispiele ohne Beweis:

Summen von Potenzen natürlicher Zahlen: Es wird berichtet, dass J. Bernoulli sich mit den später nach ihm benannten Zahlen befaßt hat, um Summen der Form

$$S_m(n) := 1^m + 2^m + \cdots + (n-1)^m$$

für natürliche m, n zu berechnen. Es stellt sich heraus [9, p. 353], dass gilt

$$S_{m-1}(n) = \frac{1}{m}\big(B_m(n) - B_n(0)\big),$$

wobei $B_m(z) := \sum_{k=0}^m \binom{m}{k} B_k z^{m-k}$ das m-te *Bernoulli-Polynom* ist. Also gilt zum Beispiel

$$S_5(n) = \frac{1}{6} \cdot \left(\binom{6}{0} B_0 n^6 + \binom{6}{1} B_1 n^5 + \binom{6}{2} B_2 n^4\right.$$
$$\left. + \binom{6}{4} B_4 n^2 + \binom{6}{6} B_6 n^0 - \binom{6}{6} B_6\right)$$
$$= \frac{1}{6} n^6 - \frac{1}{2} n^5 + \frac{5}{12} n^4 - \frac{1}{12} n^2$$

Eulersche Summationsformel: Manchmal kann man eine Summe einfacher durch ein Integral ausdrücken, also $\sum_{k=1}^{n-1} f(k)$ durch $\int_0^n f(x)\, dx$ (das ist uns etwa bei der harmonische Zahl auf S. 41) begegnet. Wie genau läßt sich die Approximation durchführen?

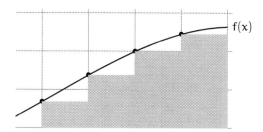

Das Bild zeigt die Idee, eine Summe durch ein Integral zu approximieren; im ersten Schritt wird die Summe als Untersumme zum Integral dargestellt, die Differenz in den einzelnen Intervallen hängt stark vom Verhalten der Funktion ab. Hier kommen die Bernoulli-Zahlen ins Spiel.

Abb. 5.3 Zur Eulerschen Summenformel

Die Eulersche Summenformel (Abb. 5.3) gibt eine Antwort [10, p. 110 f.]:

$$\sum_{k=1}^{n-1} f(k) = \int_0^n f(t)\, dt + \sum_{k=1}^{m} \frac{B_k}{k!} \cdot \left(f^{(k-1)}(n) - f^{(k-1)}(1)\right) + R_m, \quad (5.11)$$

das Fehlerglied R_m wird abgeschätzt durch $|R_m| \leq n/m! \int_0^n f^{(m)}(t)\, dt$. Daraus erhält man etwa für die harmonischen Zahlen ($f(x) = x^{-1}$):

$$H_{n-1} = \ln n + \gamma + \sum_{k=1}^{m} \frac{(-1)^{k-1} B_k}{k n^k} + \phi_{n,m}$$

mit $|\phi_{n,m}| \leq c \cdot n^{-m}$ für geeignetes c mit $\gamma := \lim_{n \to \infty}(H_n - \ln n) = 0,57721...$ als der *Eulerschen Konstante*.

5.3   Die Schweinfurter Zahlen

Zum Abschluss begeben wir uns in unkartiertes Gebiet: Wir untersuchen eine unbekannte Zahlenfolge, die durch ihre erzeugende Funktion gegeben ist. Die Zahlen erhalten den Namen *Schweinfurter Zahlen*, aus – augenzwinkerndem – Lokalpatriotismus.

Wir definieren die Zahlenfolge $\langle \mathfrak{s}_n \rangle_{n \in \mathbb{N}}$ der *Schweinfurter Zahlen* durch

$$\sum_{n=0}^{\infty} \mathfrak{s}_n x^n := \frac{1}{6 + 5x - 2x^2 - x^3} \qquad (5.12)$$

und suchen eine Rekursionsgleichung für die Folge sowie eine explizite Darstellung. Zunächst die Rekursionsgleichung. Aus Gl. (5.12) ergibt sich

$$\left(\sum_{n=0}^{\infty} \mathfrak{s}_n x^n\right) \cdot (6 + 5x - 2x^2 - x^3) = 1,$$

also

$$\sum_{n=0}^{\infty} 6 \cdot \mathfrak{s}_n x^n + \sum_{n=0}^{\infty} 5 \cdot \mathfrak{s}_n x^{n+1} - \sum_{n=0}^{\infty} 2 \cdot \mathfrak{s}_n x^{n+2} - \sum_{n=0}^{\infty} \mathfrak{s}_n x^{n+3} = 1.$$

Verschiebung der Summationsindizes ergibt

$$\sum_{n=0}^{\infty} 6 \cdot \mathfrak{s}_n x^n + \sum_{n=1}^{\infty} 5 \cdot \mathfrak{s}_{n-1} x^n - \sum_{n=2}^{\infty} 2 \cdot \mathfrak{s}_{n-2} x^n - \sum_{n=3}^{\infty} \mathfrak{s}_{n-3} x^n = 1.$$

Daraus erhält man unmittelbar durch Vergleich der Koeffizienten $\mathfrak{s}_0 = 1/6$ und für $n \geq 1$ die Rekursionsformel

$$\mathfrak{s}_n = \frac{1}{6} \cdot (-5 \cdot \mathfrak{s}_{n-1} + 2 \cdot \mathfrak{s}_{n-2} + \mathfrak{s}_{n-3}), \qquad (5.13)$$

wobei wir der Einfachheit halber $\mathfrak{s}_{-1} := \mathfrak{s}_{-2} := 0$ gesetzt haben. Einige Werte rechnet man dann auch gleich aus:

n	0	1	2	3	4	5	6
$\mathfrak{s}_n$	1/6	$-5/36$	37/216	$-209/1296$	1309/7776	$-7721/46656$	46789/279936

Das ist noch nicht so recht aussagekräftig. Wir können zwar jetzt die n-te Schweinfurter Zahl für beliebigen n aus der Rekursionsgleichung (5.13) berechnen, irgendwie bleiben diese Zahlen aber blaß, eine explizite Darstellung wäre ganz schön.

Wie im Falle der Fibonacci-Zahlen hilft eine Partialbruchzerlegung der erzeugenden Funktion weiter:

$$\frac{1}{6+5x-2x^2-x^3} = \frac{1}{6\,(x+1)} - \frac{1}{15\,(x-2)} - \frac{1}{10\,(x+3)}$$
$$= \frac{1}{6} \cdot \frac{1}{1-(-x)} + \frac{1}{30} \cdot \frac{1}{1-2^{-1}\cdot x} - \frac{1}{30} \cdot \frac{1}{1-(-3)^{-1}\cdot x}$$

Hieraus erhalten wir mit Gl. (2.2) die explizite Darstellung

$$\mathfrak{s}_n = \frac{1}{30}\left(5\cdot(-1)^n + \frac{1}{2^n} - \frac{(-1)^n}{3^n}\right) \tag{5.14}$$

Offenbar konvergieren gerade und ungerade Folgenglieder separat ziemlich schnell:

$$\lim_{n\to\infty}\mathfrak{s}_{2\cdot n} = \frac{1}{6} = -\lim_{n\to\infty}\mathfrak{s}_{2\cdot n+1}$$

Sieht man sich die erzeugende Funktion in der Partialbruch-Zerlegung als Funktion über den komplexen Zahlen an, so stellt man fest, dass die zum Ursprung nächstgelegene Singularität bei -1 liegt. Dieser Anteil bestimmt das Verhalten der Folge für großes n; die *Methode von Darboux* (auch *Methode der subtrahierten Singularitäten* genannt) [21, Abschn. 5.1] zur asymptotischen Analyse vieler Folgen beruht auf solchen Beobachtungen zu den Singularitäten erzeugender Funktionen.

```
ausdr = 1/(6 + 5*x - 2*x**2 - x**3); partBruch = apart(ausdr)

def schw(n):
    if n < 0: return 0
    elif n == 0: return Rational(Integer(1)/Integer(6))
    else: return Rational(Integer(1)/Integer(6)) *\
            (Integer(-5)*schw(n-1) + Integer(2)*schw(n-2) + schw(n-3))

def schwEffizient(n):
    if n < 0: return 0
    elif n == 0: return 1/6
    else:
        an, an1, an2, an3 = 1/6, 0, 0, 0
        for _ in range(n):
            an1, an2, an3 = an, an1, an2; an = 1/6*(-5*an1 + 2*an2 + an3)
        return an
```

Abb. 5.4 Python-Skripte zur Berechnung der Schweinfurter Zahlen

Abb. 5.4 gibt den Code zur Berechnung der Folge $\langle \mathfrak{s}_n \rangle_{n \in \mathbb{N}}$ an, die Initialisierung von `sympy` ist auch hier nicht aufgeführt. Die Variable `ausdr` enthält die erzeugende Funktion, `partBruch` ihre Partialbruch-Zerlegung. Der Aufruf der Funktion `schw(n)` berechnet $\mathfrak{s}_n$ sehr ineffizient nach der Rekursionsformel (5.13), der Aufruf `schwEffizient(n)` berechnet $\mathfrak{s}_n$ numerisch, iterativ und effizient.

Was Sie aus diesem *essential* mitnehmen können

- Grundsätzliche und praktische Einsichten in die Methode, aus Zahlenfolgen ihre erzeugenden Funktionen zu ermitteln und zu untersuchen.
- Fertigkeiten im Umgang mit einem umfangreichen Werkzeugkasten zur Manipulation erzeugender Funktionen.
- Kenntnis der Eigenschaften wichtiger Zahlenfolgen, vermittelt durch die Eigenschaften erzeugender Funktionen.
- Beispiele der Anwendung erzeugender Funktionen auf Probleme der Abzählung von Objekten.
- Kenntnisse des exemplarischen Vorgehens bei der Extraktion von Zahlenfolgen aus erzeugenden Funktionen und ihrer Anendung in der Kombinatorik.

E.-E. Doberkat, *Erzeugende Funktionen verständlich erklärt,* essentials, https://doi.org/10.1007/978-3-662-65163-6

Was ich noch sagen wollte

Am Ende dieser kleinen Reise ins Wunderland der erzeugenden Funktionen steht die Beobachtung, dass man das typische Gefühl eines Reisenden verstehen kann, der häufig Rom besucht hat: Man denkt, dass man schon viel gesehen hat, in Wirklichkeit kennt man fast nichts.

Viele Aspekte erzeugender Funktionen konnten nicht oder nicht angemessen behandelt werden. Um nur einige zu nennen (diese Liste ist unvollständig):

- die Analyse der durchschnittlichen Laufzeit von Algorithmen,
- graphentheoretische Aspekte,
- Untersuchungen zur Asymptotik von Folgen,
- Inversion von Potenzreihen, der Satz von Lagrange,
- andere Formen erzeugender Funktionen,
- Bezüge zur Theorie Spezieller Funktionen,
- Techniken zur Manipulation erzeugender Funktionen in der Kombinatorik.

Vieles davon wird in Büchern, Monographien und Aufsätzen zur Kombinatorik behandelt, einiges in Arbeiten zur Theoretischen Informatik. Das Literaturverzeichnis gibt einige Hinweise.

E.-E. Doberkat, *Erzeugende Funktionen verständlich erklärt,* essentials, https://doi.org/10.1007/978-3-662-65163-6

Literatur

1. Behnke, H., Sommer, F.: Theorie der analytischen Funktionen einer komplexen Veränderlichen. No. 77 in Die Grundlehren der Mathematischen Wissenschaften in Einzeldarstellungen. Springer, Berlin (1965)
2. Bromwich, T.J.: In Introduction to the Theory of Infinite Series. MacMillan and Co., London (1908)
3. Doberkat, E.E.: Special Topics in Mathematics for Computer Scientists: Sets, Categories. Topologies and Measures. Springer International Publishing Switzerland, Cham (2015)
4. Doberkat, E.E.: Programmierung in Python 3. Ein Lern- und Arbeitsbuch. De Gruyter & Oldenbourg, Berlin (2018)
5. Doberkat, E.E.: Die Drei. Ein Streifzug durch die Rolle der Zahl in Kunst, Kultur und Geschichte. Springer Spektrum, Berlin (2019)
6. Etherington, I.M.H.: Some problems of non-associative combinations (i). The Edinburgh Mathematical Notes **32**, 1–6 (1940)
7. Fox, D.: Mündliche Mitteilung (2022)
8. Goulden, I.P., Jackson, D.M.: Combinatorial Enumeration. Wiley-Interscience Series in Discrete Mathematics. Wiley, New York (1983)
9. Graham, R.L., Knuth, D.E., Patashnik, O.: Concrete Mathematics: A Foundation for Computer Science. Addison-Wesley, Reading (1989)
10. Knuth, D.E.: The Art of Computer Programming. Vol. I, Fundamental Algorithms, 2. Aufl. Addison-Wesley, Reading (1973)
11. Knuth, D.E.: The Art of Computer Programming, vol. III. Sorting and Searching. Addison-Wesley, Reading (1973)
12. Malerba, L.: Das griechische Feuer. Übersetzt von I. Schnebel-Kaschnitz. Wagenbach, Berlin (1991)
13. Pólya, G., Tarjan, R.E., Woods, D.R.: Notes on Introductory Combinatorics. No. 4 in Progress in Computer Science. Birkhäuser, Boston (1983)
14. Schmidthammer, J.: Catalan-Zahlen. Zulassungsarbeit zur ersten Staatsprüfung für das Lehramt an Gymnasien, Mathematisches Institut der Friedrich-Alexander-Universität Erlangen-Nürnberg (1996)
15. Sedgewick, R., Flajolet, P.: An Introduction to the Analysis of Algorithms, 2 Aufl. Addison-Wesley Longman, Amsterdam (2013)
16. Spoerl, H.: Die Feuerzangenbowle. Heinrich Spoerl: Das Beste. Piper, München (o. J.)

17. Stanley, R.: Enumerative Combinatorics, vol. 2. Cambridge Studies in Advanced Mathematics. Cambridge University Press, Cambridge, UK (1999)
18. Team, S.D.: SymPy-Dokumentation. https://github.com/sympy/sympy/releases
19. Walser, H.: Symmetrie. Einblicke in die Wissenschaft: Mathematik. B. G. Teubner, Stuttgart (1997)
20. Wikipedia: https://de.wikipedia.org/wiki/Muenzwurf_von_Rotterdam
21. Wilf, H.S.: generatingfunctionology. Academic Press, Boston (1990) (Professor Wilf stellt die zweite Auflage zum Download im Netz zur Verfügung: https://www2.math.upenn.edu/~wilf/DownldGF.html).

Printed in the United States
by Baker & Taylor Publisher Services